后浪

演化之旅

Evolution

A Visual Record

[美]大卫·奎曼（David Quammen）

[美]约瑟夫·华莱士（Joseph Wallace）/著

[美]罗伯特·克拉克（Robert Clark）/摄影

薛浩然 杨小灵 /译

四川美术出版社

本书由罗伯特·克拉克（Robert Clark）拍摄照片，大卫·奎曼（David Quammen）撰写前言，约瑟夫·华莱士（Joseph Wallace）撰写导言及正文。

献给洛拉

特别感谢

罗伯特·克拉克感谢以下机构授权他拍摄他们的藏品：美国自然历史博物馆（纽约）、大英博物馆（伦敦）、密苏里植物园蝴蝶馆（圣路易斯）、辛辛那提动植物园、克利夫兰城市动物园、达尔文故居（肯特）、韦恩堡儿童动物园、自然历史博物馆（巴黎）、自然历史博物馆（伦敦）、特林自然历史博物馆、牛津大学自然历史博物馆、皇家植物园、邱园（伦敦）、露丝·霍尔古生物博物馆（新墨西哥州幽灵牧场）、科学博物馆（伦敦）、史密森尼学会（华盛顿）、斯腾伯格自然历史博物馆（堪萨斯州海斯）、密歇根大学自然历史博物馆（安娜堡）、密歇根大学威廉·克莱门茨图书馆（安娜堡）。

第4页｜每一个关于已灭绝物种的新细节，都让我们对地球上的生命及其随时间演化的理解更加深刻。例如，恐龙脚印，比如在阿根廷阿尔丘孔村（Villa El Chocón）附近发现的那些，让我们能够看一眼已经消失了很久的动物的生活习性，让遥远的过去离我们近一点儿，哪怕只有一会儿。

第5页｜史前鲸的骨架表明它是四足陆地哺乳动物的后代：它的鳍从前肢演化而来，而后肢——尽管仍然可见，已变得微小。

致 谢

如果没有美国《国家地理》（*National Geographic*）布置给我的几十项任务，这本书就不可能存在。我很幸运能够负责《达尔文错了吗？》（*Was Darwin Wrong?*）（2004年11月）的照片集，这引起了我对演化的兴趣。之后，其他任务找上了我，使我对演化生物学的兴趣更加浓厚。

通过拍摄关于哺乳动物的起源、恐龙的行为、人类的大脑、人类的心脏、早期人类的发现，以及羽毛、鲸、狗的演化和许多其他内容的照片集，帮助我创造了一条贯穿我的工作的线，提供了本书的大部分内容。

启发并帮助我完成这些照片集的人很多，并且他们对于这项工作至关重要。

我要感谢克里斯·约翰斯（Chris Johns）、贝瑟尼·鲍威尔（Bethany Powell）、库尔特·穆切勒（Kurt Mutchler）、凯西·莫兰（Kathy Moran）、戴维·格里丰（David Griffon）、萨拉·利恩（Sarah Leen）、比尔·马尔（Bill Marr）、艾丽斯·加布里那（Alice Gabriner）、金·哈伯德（Kim Hubbard）、苏珊·韦尔什曼（Susan Welchman）、劳拉·雷克维（Laura Lakeway）、比尔·艾伦（Bill Allen）、杰米·施里夫（Jamie Shreeve）和美国《国家地理》的作家卡尔·齐默（Carl Zimmer）。

我很高兴与大卫·奎曼一起工作，他为本书写的前言用生动而美丽的词语切入主题，使其很容易被读者理解。我从他的书籍和文章中学到了很多，这些书籍和文章既流畅又鼓舞人心。

感谢费顿出版社，特别是德布·阿伦森（Deb Aaronson），她为这本书赋予了生命和她敏锐的眼光，以及布里奇特·麦卡锡（Bridget McCarthy），她确保了这本书能够紧扣主题。沙伦·爱夫鲁提克（Sharon AvRutick）把我的想法图像化，约瑟夫·华莱士写下了有助于解释我的照片的文字。米科·麦金蒂（Miko McGinty）和丽塔·朱尔斯（Rita Jules）设计了原书的装帧。

感谢无数与我合作过的科学家、研究人员、博物馆技术人员和公共信息官员：工作于我家乡堪萨斯州海斯的斯腾伯格博物馆的里斯·巴里克（Reese Barrick）、劳拉·威尔逊（Laura Wilson）和柯蒂斯·施密特（Curtis Schmidt），对阿尔弗雷德·拉塞尔·华莱士提出独到见解的大英博物馆的乔治·巴卡洛尼（George Beccaloni），史密森学会的卡拉·达夫（Carla Dove），美国自然历史博物馆的迈克尔·诺瓦切克博士（Dr. Michael Novacek）、罗伯托·勒布朗（Roberto Lebron）和威尔·哈考特-史密斯（Will Harcourt-Smith），森肯堡研究所和自然历史博物馆的杰拉尔德·迈尔（Gerald Mayr），汉考克大北方博物馆的丹·戈登（Dan Gordon）和维多利亚·佩奇（Victoria Page），以及威特沃特斯兰德大学（约翰内斯堡）的李·R.伯杰（Lee R. Berger）。

特别感谢美国自然历史博物馆的卡尔·梅林（Carl Mehling）的仔细阅读。

谢谢你们，我的父母，拉斯·克拉克（Russ Clark）和多拉·卢·克拉克（Dora Lou Clark），以及我的兄弟姐妹们，林恩（Lynn）、辛迪（Cindy）、史蒂夫（Steve）、萨拉（Sara）和帕特（Pat）。我的妻子赖玲（Lai Ling，音译）和女儿洛拉（Lola）使得我的每一天都像一场精彩的探险。迈克尔（Michael）、玛琳（Marlene）、埃德（Ed）、丹（Dan）、伊娃（Eva）和卢卡（Luca）聆听了我好的坏的各种想法。

感谢帕克·费尔巴哈（Parker Feierbach）、AJ.威廉（AJ Wilhelm）、克里斯托弗·法伯（Christopher Farber）、亚历克斯·迪·苏沃鲁（Alex di Suvero）、吉尔·刘易斯（Jill Lewis）和大卫·考文垂（David Coventry），他们一直在努力帮助我。

关于美国《国家地理》的托德·詹姆斯（Todd James）对我的影响需要做一个特别说明：我们以前一起合作发表过几个照片集，但他对《达尔文错了吗？》的热情是具有感染力的，也为本书的其他部分提供了资料。

致本书的读者：把这本书中的信息传递下去。我真的相信演化是有史以来最伟大的故事。

罗伯特·克拉克

目 录

前 言

这些看待生命的视角

查尔斯·达尔文（Charles Darwin）曾经在他写过的作品中的一句话里使用了一个视觉的隐喻，这可不是一个巧合。这句话出现在他于1859年发表的第一版《物种起源》（*On the Origin of Species*）中，之后也成了他被引用最多的、最著名的一句话：

> 生命蕴含着各种力量，而它最初仅有一种或几种形式；当这颗星球按照固有的引力定律运行的时候，生命从一个简单的起点开始，演化出无穷无尽的、最美丽又最伟大的形式，并且还在继续演化着。这种看待生命的视角蕴含着大美。

达尔文所说的"视角"当然不是视觉上的"观察角度"，而是一个科学理论、一个概念的构想：通过自然选择的演化。但是这个理论很大程度上是在视觉证据的基础上树立起来的。达尔文是一位眼光锐利且极为细心的观察者（这是他最大的优势之一，对于他的工作方式而言至关重要），而这一理论的共同发现者阿尔弗雷德·拉塞尔·华莱士（Alfred Russel Wallace）也是如此。关于华莱士，您将在本书后面的由约瑟夫·华莱士（并非前文所述华莱士的亲戚）撰写的章节中读到他的故事。这两个人，达尔文和华莱士，都是

左图｜查尔斯·达尔文和阿尔弗雷德·拉塞尔·华莱士在英国长大，之后环游世界的时候，他们为甲虫着了迷。几乎在全世界的所有地方，昆虫都能在两件事情上给人留下深刻的印象：一是其生命多样性，二是我们对它还有多少不了解的地方。尽管已经有数十万种甲虫被鉴定出来，很可能还有至少数十万种（甚至数百万种）甲虫没有被发现。

睁大了眼睛环游世界的博物学家。他们的大脑渴望寻找能够把事实、独特性和演化模式联系在一起的逻辑，但是他们获得的信息却主要是视觉方面的。而演化生物学领域最近几十年的发展却正好相反，主要受益于不能直接看到的抽象证据。尤其是在一项名为"分子系统发生学"的伟大事业中，数据主要来自记录在DNA（脱氧核糖核酸）中的编码序列，这些序列现在可以被尖端机器读出，并在计算机的帮助下进行比较分析。但是这门科学在源起之时，却依赖于肉眼的仔细观察，以及由这些观察产生的推论。观察，是思考生物演化的两位先贤，以及很多他们的追随者——从恩斯特·海克尔（Ernst Haeckel）到恩斯特·迈尔（Ernst Mayr）再到爱德华·O.威尔逊（Edward O. Wilson）——所最初使用的工具。因此，拥有卓越技术和坚定头脑的视觉艺术家罗伯特·克拉克把他的很大一部分职业生涯投入到对演化的视觉记录中，是十分合适的。

事实上，他的工作不仅合适，而且极具价值。艺术作品的生动形象是语言文字无法匹敌的。而且艺术作品令人愉快，因为它提醒着我们，正如达尔文所说的："演化出无穷无尽的、最美丽又最伟大的形式，并且还在继续演化着。"这种美丽通常是偶然产生的，仅次于演化机制或适应性功能的出现（除了在性选择中，雌性会要求雄性拥有华丽的外表来获得交配机会），但这些美丽的偶然性也部分解释了，为什么相对于一个死气沉沉的或是因生物灭绝而贫瘠的星球，我们会更喜欢一个充满演化多样性的世界。矿石也可以很美丽，但是它们与艳丽的凤蝶、精美的兰花或是优雅的铜头蝮是无法相提并论的。

罗伯特·克拉克很久之前就对此熟稔于心。我第一次接触他的作品是在2004年，美国《国家地理》邀请我们合作完成一篇文章，这篇文章故意用了很有煽动性的标题"达尔文错了吗？"。答案：没有。达尔文对演化的认识并没有错，并且罗伯特的照片有力地支持了这一点。正如我在那篇文章里所写到的，达尔文在《物种起源》里展示的演化证据可以包括以下4个范畴：生物地理学、形态学、古生物学、胚胎学。生物地理学研究的是生物在地球上的什么地方生存，为什么栖息在那里而不是别的地方。形态学是对生物身体形状的研究和比较。古生物学是通过化石记录追踪形态随时间的变化。胚胎学探究的是生命体出生或孵化前的形态发育。值得注意的是，这4类证据中的每一类，无论是达尔文发现的证据还是之后100年间获得的主要证据形式，本质上都是视觉证据。

4年之后，罗伯特·克拉克和我再一次因为美国《国家地理》聚在一起，这一次是为了一个关于阿尔弗雷德·拉塞尔·华莱士的故事。当我和专家讨论、研究华莱士的笔记，与华莱士的孙子共进晚餐的时候，罗伯特为华莱士的甲虫和蝴蝶标本拍了照片，这些标本都被精心保存在伦敦自然历史博物馆的仓库里。华莱士，一个有着强烈好奇心却没有钱的年轻人，曾经靠着专业收集标本谋生。他曾分别花费4年和8年时间在亚马孙和马来群岛专注收集好看的生物，比如天堂鸟、华美的蝴蝶和蛾子、色彩斑斓的甲虫等，因为这些最好卖钱。在这些千变万化的美丽生物之间，华莱士发现了一些细微的区别和规律，这引导他去理解演化。而罗伯特·克拉克则通过自己的镜头，用异彩纷呈的照片，让我们可以稍加领略华莱士曾经目睹过的美丽。

让我稍微偏一下题，回到这篇前言的核心内容。有一个了不起的人名叫海尔特·J.弗尔迈伊（Geerat J. Vermeij），他是出生于荷兰的古生物学家和演化生物学家，他作为一个例外证明了这个规律[1]。弗尔迈伊博士是加利福尼亚大学戴维斯分校的一位特聘教授，他自3岁起就失明了，从此他的人生完全没有视觉的输入。他主要研究海洋软体动物的演化历史。他用敏感的手指探索现存的及石化的贝壳的形状，感受脊、褶皱和曲度的细微差别，以触觉数据代替视觉数据。弗尔迈伊发表过广受赞誉的论文和书籍，提出过影响深远的概念，获得过许多奖项，还写过一部名为《无与伦比的手》（Privileged Hands）的自传。他不需要视觉来理解演化是如何发生的。

但是，除他之外的大多数人还是需要视觉证据，达尔文和华莱士也需要。演化勾勒出生命历史的形状，我们可以用眼睛看到，用意识"看"到，它的细枝末节都在这本栩栩如生的书里，供人观瞻。

大卫·奎曼

1.这个规律就是"大部分生物学家需要通过视觉来研究演化"。——译者注

导 言

达尔文、华莱士
和一个理论的诞生

一旦伟大的科学发现被接受为真理，就很难想象在它们出现之前的生活是什么样子的了。人们是否曾经真的认为地球是扁平的，蝾螈是从火中出生的，天堂鸟实际上是天堂的使者？

是的，的确如此，即使这些想法中的每一个对我们来说都是荒谬的。

演化论也是这样。今天，我们中的大多数人都不会相信，每一个生物物种——从最小的苔藓和甲虫到最强大的鲸和红杉——都被造物主小心地放在地球上，并且自"大洪水"（the Great Flood）以来一直没有发生变化。

然而仅仅一个半世纪以前，大多数人确实相信这一点，而且不仅仅是那些只是随便想一想的人。实际上，每一位西方主要思想家：科学家、哲学家，当然还有神职人员，都毫无疑问地接受了《圣经》里对创世纪的看法。他们对此的信心是如此的不可动摇，以至于任何可能有不同感受的人都会迅速受到谴责和排斥。

所有这一切使得当我们在讨论和展示演化的奇迹时，应铭记年轻的查尔斯·达尔文

左图｜猩猩和长颈鹿的骨骼展示了哺乳动物演化的广度。猩猩是将华莱士吸引到加里曼丹岛[1]沙捞越森林的物种之一。在那里，华莱士发展了他的演化论。达尔文写了很多关于长颈鹿的文章，它们长长的脖子（很好地适应了在树梢取食的习性）被他认为是自然选择的一个引人注目的例证。

1　加里曼丹岛，旧称"婆罗洲岛"，世界第三大岛，属于印度尼西亚、马来西亚和文莱。——编者注

左上图｜查尔斯·达尔文，照片拍摄于1874年，《物种起源》出版15年之后。由于预料到这本书的出版会在当时仍然沉浸在《圣经》创世观中的科学界引起骚动，他在将他的演化论公之于众之前犹豫了20年。正如他所预测的那样，他仍在不断地解释、捍卫和完善它，直到他的生命结束。

右上图｜阿尔弗雷德·拉塞尔·华莱士可能在拍这张照片时打扮了一下，显然这套衣服并不是他多年来作为一个游历于南美洲、亚洲和大洋洲的职业标本采集者会穿的那种衣服。他多年来的独自冒险经历给了他发展自己的演化论的经验、洞察力和时间，这促使了达尔文发表《物种起源》。

（1809—1882）和阿尔弗雷德·拉塞尔·华莱士（1823—1913）所生活的世界变得至关重要，这两个人独立地发现了对于地球生命的非凡多样性和适应性的最基本的解释。我们要记得他们在设计理论方面很出色，但不仅仅是出色，他们也很勇敢。

他们虽不是破釜沉舟[1]，但仍旧提出了演化论，一位（华莱士）在发现后立刻提出，而另一位（达尔文）则经过了多年的担忧和犹豫。他们所做的不仅仅是提出一种观察地球生命的新方式：他们如此清晰而令人信服地展示了它的正确性，使得它现在已经超出了逻辑

1.达尔文家境富裕，华莱士则以标本采集者为职，两人都不是"非要提出演化论不可"的人，并且提出演化论会对两人的生活造成不利影响（遭到社会的反对）。——译者注

辩论的范围。

达尔文是第一个发展科学理论来解释生物多样性的人，但是他的想法并不是从零开始的。在《物种起源》（1859年版）出版之前的几年里，其他人就开始冒险地提出：地球上的生命是有能力改变、演化的——它们（用当时的术语来说）是可以突变的。

这些"其他人"包括查尔斯·达尔文自己的家人。在达尔文出生之前，他的祖父——著名医生和哲学家伊拉斯谟·达尔文（Erasmus Darwin）提出了这样一种观点，即物种可以随着时间的推移而"持续改进"（这个过程通常被称为"嬗变"），并将这些改进传递给下一代。

家里有这样一个自由的思想者无疑帮助了查尔斯去建立他自己的反传统思想。但是伊拉斯谟止步于此，以确保他明确的信念，即上帝的设计就是他所描述的"改进"的工具。

但是，查尔斯出生在一个比前几个世纪更有可能挑战知识边界的时间和地点，尽管这类教条主义者坚持用严格的《圣经》解释地球的历史。推动了这一波讨论和辩论的一个事实是：世界变得比以往的任何时候都更容易被接近。其促成的发现不仅挑战了关于地球上生命起源的思考，还挑战了其他许多长期存在的信念。

动摇传统思维的一个主要因素是大型越洋帆船业的发展，这使得无数欧洲探险家和商人前往地球的角落——那些地方之前都是地图上的空白。强大的殖民力量把世界当作棋盘，不断扩大着他们的影响力。如果你想搭他们的便车去研究鸟类或虫子，热烈欢迎。

因此，那些曾经几乎只存在于传说中的未被涉足过的土地、遥远的岛屿，以及被标记为"这里有怪物"的海域，现在都是真实的，并且充满了意想不到的奇迹。探险家们发现热带雨林中充满了无穷无尽的、多种多样的植物、鸟类和甲虫。非洲的平原上也充满了野生鸟兽，而岛屿则是不会飞的奇异鸟类和其他奇幻生物（包括那些来自天堂的信使——天堂鸟，原产于新几内亚岛）的家园。在见证了所有的这些以及更多的奇迹之后，探险家们和科学家们都不可避免地开始思考他们所看到的究竟是什么以及它们可能意味着什么。

法国科学家和作家让-巴蒂斯特·德·拉马克（Jean-Baptiste de Lamarck，1744—1829）是最早提出地球上的生命非静止理论的人之一，当然也是最著名的人之一。他关于植物和无脊椎动物的书使他成为科学界的领军人物，但是他在1809年出版的《动物学哲学》（*Philosophie Zoologique*）才使他名声大噪。

今天，拉马克仍然出名主要是因为他的错误：他真的相信生物可以（通过被称为"难以捉摸的液体"的物质）在其一生中显著地改变它们的形态，然后把这些变化传递给下一

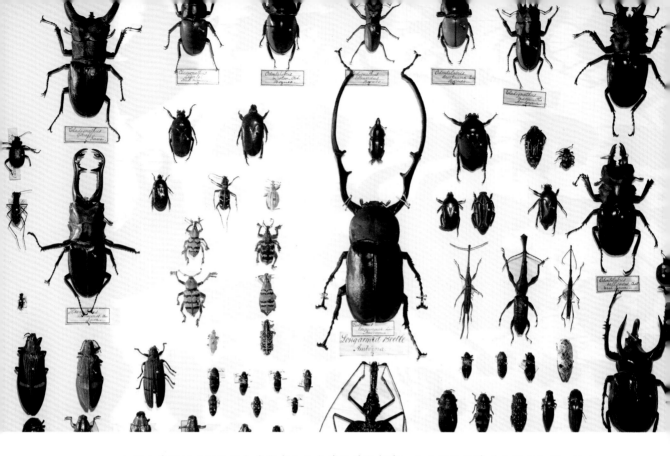

    如果大多数19世纪的标本采集者和业余博物学家都有一个共同的热情（包括查尔斯·达尔文和阿尔弗雷德·拉塞尔·华莱士）的话，那就是对甲虫的兴趣了。甲虫不仅色彩缤纷，而且无处不在，它们约占据了所有已有描述的昆虫物种的40%。通过展示不同物种之间的多样性和清晰的关系，这套华莱士自己收藏的标本为演化所带来的自然世界的多样性提供了美丽的证据。

代。关于他的理论最好的例子就是长颈鹿：一只长颈鹿可以显著地增长它的脖子，以获得树上更高处的叶子，然后将这种改进传递给它的后代，于是它的后代都将长出长脖子。

    尽管拉马克的理论是建立在"可突变性可以永远地改变一个物种"的观点之上的，与之前的理论相比，他向前迈出了重要一步。并且，尽管达尔文后来竭力强调他并不赞同拉马克的理论，之前的科学家的理论显然为达尔文自己的理论播下了种子。

    与此同时，物种不变论正在遭受质疑，同样受到质疑的还有"每个物种在被造物主放置在地球上之后都将永远存在"的长期存在的信仰。

    再一次，正是这个时代充满活力的精神挑战了这个坚如磐石的信仰。无论是靠近家乡还是在世界各地，在人们勤奋地耕种新的农田，建造无数的大道和铁路，并大规模开采煤和铁矿的时候，地球本身开始显现出令人意想不到的奥秘。这些出土的宝物包括巨大的牙齿和大象般的哺乳动物的骨头（甚至在像北美洲和欧洲这样，没有活着的大象存在的地方），以及类似于树懒和熊的骨头，但是比任何已知的生物的骨头都大得多。

如何解释这些惊人的发现？许多杰出科学家都拒绝接受这些残留遗骸的生物已经消失了的事实。他们相信，经过足够多的搜索，它们将会在地球上的某个地方出现。必须是这样。

但是充满热情的旅行和探索的影响之一就是地图上的空白区域缩小，然后完全消失。如果你没有在标有"这里有怪物"的地方找到怪物，那么就应该重新绘制地图，并且修正你的预期。

因此，到了19世纪初期，在达尔文成长的年代，即使是一些以前持怀疑态度的专家也已经开始接受地球上的生命历史与他们想象的不同，并且与他们的宗教信仰教给他们的也不同。这个事实必须被面对：并不是所有曾经漫步于这个星球的物种都依然存在。

那些不再隐藏于地球表面下的秘密激起了更大的科学骚动。通过研究被发掘的岩层，乔治·居维叶（Georges Cuvier，1769—1832）和查尔斯·赖尔（Charles Lyell，1797—1875）等地质学家得出了另一个重要结论：连续、清晰可辨的地层显示了地球的地质记录（如果不是它的确切年龄）。更重要的是，这些地层表明这颗星球远比《圣经》中暗示的要古老得多。

后来，人们发现了一些骨头和牙齿，与猛犸象和洞熊不同，它们似乎与任何仍然在地球上行走的生物都不一样。几十年来，化石猎人一直在寻找一类已经灭绝了的动物的遗骸，这些动物长达几米至几十米，拥有一些使人联想到现代蜥蜴的特征。但是它们与现代的变色龙或石龙子完全不同。

解剖学家理查德·欧文（Richard Owen）曾在1842年首次创造了"*Dinosauria*（恐龙）"这个术语，意为"可怕的蜥蜴"（虽然"大得可怕的蜥蜴"更为准确）。不出所料，"像恐龙一样壮观的东西曾经存在过，但是现在完全消失了"这一事实引起了轰动。（并且，通过《侏罗纪世界》等电影的上映，它的轰动持续至今。）

但是它们到底是什么？为什么它们消失了，只有化石留了下来？学术界很难对此达成共识，甚至是合乎逻辑的解释都很难找到，即使在这个时代领先的智者中也是如此。

例如，一方面，拉马克（最早提出演化概念的人之一）拒绝相信物种曾经灭绝。另一方面，尽管居维叶同意灭绝理论（他认为灾难性的洪水和其他自然事件会定期从地球上消灭物种），但他对于任何关于演化的概念都嗤之以鼻。新物种将被放置在其他物种消失的地方，并且永远留在那里……或者至少在下一次灾难发生之前，那时这个过程将会重演。

如果曾经有一个时间，充满了新发现和不确定性，那时科学界和公众已经准备好去接受一个革命性的、以证据为基础的、关于生命如何在地球上出现并且变得丰富而多样的新理论，那么这个时间就是1831年末，那时皇家海军舰艇"小猎犬"号（HMS *Beagle*）离开了英格兰前往南美洲。

然而，当时的人们怎么也不可能预料到"小猎犬"号将成为这一理论的发源地，更不可能预料到它的提出者是那艘船上的博物学家，一个22岁的年轻人。他在学校漫无目的的学习已经推迟了（其实是永远地搁置了）使他成为一位医生或牧师的计划。没有接受过正式科学训练的他被邀请到船上，有一半原因是为了给船长——罗伯特·菲茨罗伊（Robert FitzRoy）提供绅士的陪伴[1]，另一半是为了研究这次航行中不可避免会遇到的鸟类、虫子和其他动物。

但不是任何年轻的、业余的博物学家都能取代他。他是达尔文，一位实际上把他看似毫无目标的青春都花在了磨炼不可替代的技能上的人。事实上，正是这些技能使他成为了改变我们看待世界的方式的完美候选人。

"我是一个坚定的信徒，"达尔文说，"我相信没有猜测就没有好的、原始的观察。"

这是一个简单的信条，但它是他在"小猎犬"号上漫长航行中的所有发现的核心，这个核心也贯穿了他的一生。看，但不要只是看，还要提出问题。

虽然他不是一个经过科学训练的科学家，但达尔文从小就一直是一个专注的业余博物学家，"他像其他男孩迷恋弹珠一样迷恋着甲虫"，作家亚当·戈普尼克（Adam Gopnik）如是说。每当达尔文得以在他位于英格兰什鲁斯伯里市的家附近的树林里独自度过几个小时，他都感到很高兴，因为被野生动物（特别是那些令他着迷的昆虫）包围时，他从未真正感到孤独。

这些在英国本地的探索一定给了他很多帮助，不仅培养了他的观察能力和质疑他所看到的事物的能力，而且还有助于他培养至少同样重要的耐心。正如他将在未来几年中多次证明，他理解深入思考的价值。

尽管如此，英国乡村里没有什么东西可以为他在"小猎犬"号早期停留巴西时到访的热带雨林里的探险作好准备。和许多北方来的探险家一样，热带雨林中生命的丰富性和多样性使他应接不暇。

"在一次徒步中，他像往常一样充满了敬畏，眼神无法安定下来，"莱安达·林恩·豪普特（Lyanda Lynn Haupt）在她2006年出版的书《大鸟大陆上的朝圣者》（*Pil-*

1.船员不是绅士阶级，所以他们不能陪伴船长。——译者注

grim on the Great Bird Continent）中写道，"最后他伸手去拿口袋里的笔记本，想从这种奇怪的、柔软的欢欣中抓住些什么。'藤蔓缠绕着藤蔓，就像发辫一样……'他写得很快，仿佛在记录别人的口述，'美丽的蝴蝶……'直到他想说的已经很难用语言来描述了，'沉默……'最后，他在心中对自己，以及这个星球的运动，呐喊出：'和撒那（赞美上帝）……'"

但随着"小猎犬"号的继续航行，达尔文身处阿根廷、智利和其他地方的各种各样的环境并居住在其中的生物中，他不再能感受到他在巴西感受的那种近乎不自然的启示感。但他从未失去好奇心，并发挥了他在童年磨炼出的质疑精神，根据（他认为的）唯一有用的观察结果进行了推测。例如，在沿途的许多地方，包括安第斯山脉上近4 000米的高处，他都发现了贝壳的化石。达尔文在航行中作的笔记，多有关于导致地球表面在很长一段时间里的上升与消退的地质过程的问题。

尽管如此，达尔文并不是在"小猎犬"号的5年旅程中发展出他的理论的。只有于1836年回到家乡后，他才有时间和闲暇开始研究他在雨林、南美洲海岸以及加拉帕戈斯群岛（一群散布于太平洋上、距离厄瓜多尔大陆约960千米的火山岛）上进行的观察和收集意味着什么。

回到英国，他找到了当时一些杰出的科学家。这些专家受过远超达尔文曾获得过的科

达尔文一直很喜欢甲虫。他曾在一封信中写道："有一件事可以证明我对甲虫的热情：有一天，在撕掉了一些旧树皮后，我看到了两只稀有的甲虫，我用两只手各抓住了一只。然后我看到了第三只甲虫，它属于一个新物种，我可不想失去它，所以我把右手握着的甲虫放进了嘴里。啊！它喷射出一些极其辛辣的液体，灼烧了我的舌头，使我不得不把这只甲虫吐出来，后来这只甲虫和第三只甲虫都不见了。"当这只昆虫（黑蜣科）登上"小猎犬"号时，他一定很高兴。因为它不仅提供了一个新的标本，并且还直接地展示了动物（包括小型昆虫）是如何可以到达距离大陆数百千米的岛屿（比如加拉帕戈斯群岛），然后在岛屿上繁衍的。

学训练。他们对他带回来的标本的反应，为达尔文未来想象力的飞跃奠定了基础。

首先，他给著名的鸟类学家约翰·古尔德（John Gould）展示了他的鸟类标本。古尔德指出，达尔文收集的一组小型鸟类（由于它们在鸟喙的大小和形状方面有着惊人的多样性，曾经被认为是没有亲缘关系的）实际上是近缘的。这些小型鸟类就是著名的"达尔文雀"，但在那个时候，它们只是他在发展演化论过程中的小角色，因为达尔文忘记标记哪个物种来自哪个岛屿了。

幸运的是，在这些岛屿上的嘲鸫之中，古尔德发现了一个同样令人好奇的（虽然不是那么的引人注目）同一种现象的例子。至少有3种不同的嘲鸫生活在加拉帕戈斯群岛上，每种嘲鸫各自生活在一个单独的岛屿上，没有重叠。重要的是，虽然它们的差异使得古尔德确信它们都是独特的物种，但它们仍然彼此相似（和一些南美大陆的嘲鸫也很相似），相似到足以使达尔文提出问题。

在达尔文提出问题之前，无数的人们都曾经观察到彼此相似的不同物种。但只有达尔文从这些信息中得出了一个新的结论：鉴于物种的可突变性（当时，这个概念在科学界仍然是有争议的）和合适的条件（地理隔离、时间），一种鸟可以演化成多个新的物种。

今天，用后见之明看来，这种见解似乎太明显了，根本不值一提。然而，在当时，这可是一次富有想象力的飞跃，值得被伟大的20世纪演化生物学家恩斯特·迈尔称为"第一次达尔文革命"。

但是，如果生物演化成新的物种的能力（这在达尔文所看到的每一个地方都有所反映）在达尔文返回英国后变得显而易见，那把他的理论公之于众可能产生的后果同样也是显而易见的。1844年，"小猎犬"号的航行结束8年后，即使是在私人通信中，他仍然很难把自己的想法表达出来。"最终，光已到来，"他在给他的朋友，植物学家和探险家约瑟夫·胡克（Joseph Hooker）的一封信中写道，"我几乎相信（这与我一开始的观点完全相反），物种并不是（这就像是在承认犯了谋杀罪一样）不能突变的。"

"这就像是在承认犯了谋杀罪一样"。因为正如大卫·奎曼在他的书《不情愿的达尔文先生》（*The Reluctant Mr. Darwin*）中所说的那样，"老实说，到了1844年，他已经不是'几乎确信'了"。达尔文已经"几乎确信"了10年，他犹豫是否要公布他的理论，不是因为他对事实的不确定，而是因为他知道他的理论会带来一场骚动。

在达尔文发展他理论的早期，他可能会告诉自己他还没有足够的信息。加拉帕戈斯群岛的鸟毫无疑问地证明了嬗变，即演化，显然已经发生，并且实际上是地球上所有的生命多样性背后的驱动力。但是它是怎么实现的？改变的机制和推动力是什么呢？

在1838年，再一次，通过与一位著名思想家的接触（虽然这次是通过书面文字），达尔文给出了他的答案。这灵感来自托马斯·马尔萨斯（Thomas Malthus）的《人口原理》（*An Essay on the Principle of Population*，1798年出版），该书提出了对未来的悲观看法。

马尔萨斯论证的基础是生物种群有以几何级数倍增的能力，但是食物供应只能线性增长。马尔萨斯相信，这迟早会导致大灾难，那时人口（尤其是穷人的人口）会爆炸，远远超出喂养这些人口的能力。

自从公众接触到了马尔萨斯的理论，这些理论就在现实世界里产生了臭名昭著的后果，其中包括英国严厉的《济贫法》（*the Poor Law*）。该法强制接受救济的夫妻分居，以使他们不再拥有"过剩"的孩子。但这些理论也让达尔文提出了一个至关重要的问题：如果物种有以几何级数倍增的能力，那为什么它们并没有以几何级数倍增呢？毕竟，只需要粗略地瞥一眼窗外，就能看到这世界实际上并没有被以几何级数倍增的动物种群所填满。

达尔文以令人惊叹的洞察力，把他关于物种演化的知识和这些物种的种群为什么没有填满地球的问题结合了起来，并提出了他的伟大理论中缺失的部分：自然选择的概念。这个概念是说，某个物种在某个栖息地的生存是一场持续的斗争——这场斗争使得种群无法消耗完所有食物。此外，一个物种的可突变性既是其生存的关键，也是推动新物种演化的引擎。

或者，正如达尔文自己在自传中所说的那样，"这个概念立刻让我感到震惊，在这种情况下，有利的变化往往会被保留，不利的变化往往会被摧毁。这样的结果就是新物种的形成。"

达尔文用一句随意的"在这里，我终于有了一个讲得通的理论"结束了这一段。但是从一开始他就意识到，他看起来简单的声明中，实际上有着里程碑式的意义。

....

14—15页｜今天，加拉帕戈斯群岛的地雀（一类棕色的小鸟，虽然在喙的大小和形状方面存在着显著的差异，但是都来自一个共同祖先）仍然是对达尔文理论的发展产生影响的最著名的例子。不幸的是，他们还配不上"尤里卡[1]！"的声誉：起初，达尔文本人并没有认识到它们的重要性，甚至忘了标记每个标本分别来自哪个岛。

---

1. "尤里卡"在古希腊语中是"我发现了"的意思，因为阿基米德的使用而成为"重大的科学发现"的代称。——译者注

正如作家彼得·鲍勒（Peter Bowler）在《进化思想史》（*Evolution: The History of an Idea*）一书中所说，当很多科学家仍然相信（即使面对着所有有形的证据）所有物种和每个物种的所有个体都是不可突变的，达尔文却把物种定义为"由一群独特个体组成的种群，它们被联系在一起只是因为它们有一起繁殖的潜力。物种就是种群，无论个体之间有多少物理结构上的变异……变异不是对理想形式的微不足道的扰动，而是种群的本质特征，因此也是物种的本质特征。"

突然之间，一切都明了了：生命形式可以变化，这变化由自然选择驱动。这一事实解释了为什么（如果有足够的时间）新的物种可以出现，为什么亲缘关系近（但不相同）的物种（如加拉帕戈斯嘲鸫和地雀）可以共存，为什么物种既不泛滥成灾，也不屈服于那些（如地质学家所展示的）总是在变化着的环境。

拉马克著名的长颈鹿脖子的例子很适合被用来说明达尔文的自然选择理论是如何起作用的。和拉马克一样，达尔文认为短脖子的长颈鹿物种可能最终会长出长脖子，但不是因为作用于单个个体及其后代的"难以捉摸的液体"。

相反，物种发生变化的倾向意味着有时长颈鹿出生时就长着更长的脖子、不同形状的牙齿、更粗短的腿或者不同的皮毛斑纹，这些都是偶然。然后自然选择就可以起作用了。

这些随机的突变中，大部分对个体没有任何好处。不被自然选择青睐，它们对整个种群没有影响。

但是，如果由于干旱或食叶昆虫的侵袭，食物变得不那么充足了，突然间那些脖子更长的个体会有优势，让它们能够取食其他个体够不到的叶子。

通过活得更长、更健康的方式，这些长脖子的个体将有更大的机会成功繁殖。这种繁殖的结果（因为，正如我们现在所理解的那样，脖子更长的个体会把导致该特性的基因突变传递给下一代）是出现越来越多的长脖子的长颈鹿，来更好地适应环境的需求。

随着时间的推移，生活在非洲大平原（那里树木稀少，仅有的几种树木的叶子都尽可能地远离地面）上的早期长颈鹿类生物，演化成了我们今天所知的长脖子的物种。科学家现在发现了至少9个不同的长颈鹿亚种（它们在大小、毛色斑纹和其他特征上存在着差异），并且相信有些亚种可能实际上应该获得物种的地位。

不同的是，尽管长颈鹿和它的近亲——霍加狓是从一个共同的祖先（可能是梯角鹿［*Climacoceras*］，生活在大约1500万年前，今天被叫作肯尼亚的那片地方）演化而来的，但是霍加狓并没有发育出更长的脖子。为什么？我们永远无法确切知道。但一个合乎逻辑的假设是，在霍加彼生活的茂密而荫蔽的高地森林中，它们喜欢的食物——灌木的叶子和芽在地面附近很丰富，长脖子对于它们来说实际上会成为缺点。因此，随着这个物种的演化，其他特征（例如强大的夜视能力）便受到了青睐。

同样的过程也适用于其他生物的演化进程。例如，世界上现存的8种熊显然是从共同的祖先（很可能是大约3 000万年前的祖熊［Ursavus］）演化而来的，而且其中大多数仍然有着很近的亲缘关系。然而，生活在寒冷、遍地是雪的地方（这地方常常没有植被，但充满了动物蛋白）的北极熊，是巨大的、肥胖的、几乎完全食肉的，它们还拥有白色的皮毛。然而，它的表亲黑熊，在吃肉之余，也会大量食用浆果和其他植物性食物。它们的体形比北极熊要小得多，并且它们的皮毛常是黑色、棕色或肉桂色的，这些和土地接近的颜色与它的生存环境十分搭配。

当然，这不仅仅发生在哺乳动物中。纵观地球上巨大的生命之网（科学家们估计现在有大约1万种鸟类和至少100万种昆虫存在着），故事是相同的：一系列的适应被选择下来，以迎合来自物种生存环境的挑战和要求，造就了我们今天看到的每个物种与其栖息地之间看似"理想"（实际上是不断变化的）的匹配。无论是蜂鸟演化出不同形状和长度的喙，使它们能够从一系列截然不同的野花中喝到花蜜，还是美味的副王蛱蝶模仿有毒的帝王蝶的生动的橙色和黑色，或者维纳斯捕蝇草通过发展捕猎的能力而占据少有其他植物占据的栖息地，例子到处都是。

到1838年，"小猎犬"号返航两年后，达尔文已经掌握了自然选择理论的机制和原理。他接下来做了什么？

几乎什么都没做。20年，整整20年间，除了给朋友和其他几个人发送了信件之外，他对自己极富想象力的飞跃保持了沉默。

并不是说他在这20年里坐着不动。远非如此。他与他最信任的朋友兼读者埃玛·韦奇伍德（Emma Wedgewood）结了婚，并生育了10个孩子。他们一起承受了两个孩子死亡的打击，其中包括10岁的安妮（达尔文公认的挚爱），她的死使他们悲痛欲绝。并且他还在与慢性肠道疾病和其他困扰他终生的疾病作斗争。

他写了几本书，但都不是"那本书"[1]。

在此期间，他还对人工选择进行了大量的研究，积极地培育表演用鸽以加强某些特

1.指《物种起源》。——译者注

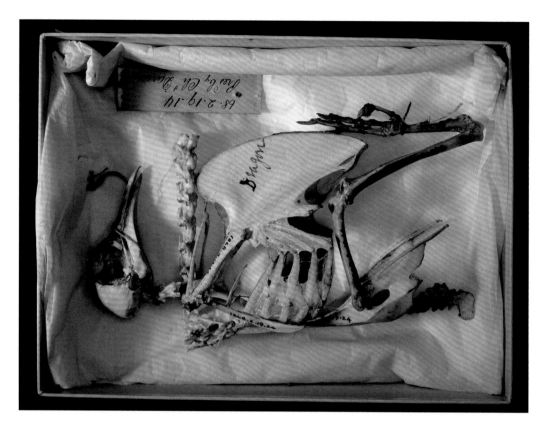

　　1855年，在他从"小猎犬"号上返回将近20年后，也是自他第一次发展他的演化论以来差不多的时间，达尔文将注意力转向了鸽子的培育。他喜欢这个挑战，但他还有另一个目标：通过他所谓的"人工"或"驯化"选择，育种者可以快速复制那些在自然界中需要花费很长时间才能发生的戏剧性物理变化。达尔文在他自己的鸽舍中为他革命性的理论创造了证据。图中的这具骨架是达尔文的收藏品，是达尔文自己豢养的鸽子，它来自一种叫"龙"（现称为"龙鸽"）的品种，最初是作为信鸽来饲养的。

性，并了解狗品种的创造。他花了一年又一年的时间研究藤壶并撰写相关论文，展示它们的演化适应性。

　　但是，我们在审视这些年的时候，不可能看不到，在达尔文的不情愿（不情愿发表一个他如此相信的理论）中，他的谨慎逐渐变为恐惧，甚至麻痹。当他说承认物种的可突变性的概念"就像是在承认犯了谋杀罪一样"时，他就是这么想的。

　　历史学家和科学学者长期以来一直在争论，如果没有一个人来激起他的恐惧，一个比发表演化论更深的恐惧，达尔文是否还会把他的理论写在纸面上。

　　当然，这个人就是阿尔弗雷德·拉塞尔·华莱士，他所做的就是由自己提出演化论。

和达尔文一样，他一开始先提出了物种可突变性的概念，然后加上了自然选择是演化的驱动力这一想法。华莱士从来没有像达尔文那样从头到尾地发展过他的理论，但是他愿意一有想法就马上去发表，不可能犹豫上好几年。

华莱士没有犹豫不决的资本。他在相对贫困的环境中长大，不像达尔文，家里有足够多的财富来支持他过一种探索性的生活，思考和写作（并且思考如何写作）。当达尔文作为一个没有特定收藏品的博物学家登上"小猎犬"号的时候，华莱士却作为一个职业标本采集者到处旅行，通过收集并出售尽可能多的标本来攒钱。

并且，达尔文自"小猎犬"号的航行之后就返回了英国，之后再也没有离开过，但华莱士却没有办法选择这种坐下来思考上几年的生活。在他最初的南美之旅——始于1848年并于1852年达到高潮，那时他返航的船沉没了，并且遗失了他的标本和大部分笔记——之后，他于1854年再次出发。这次他的目的地是马来群岛（现在的马来西亚、新加坡和印度尼西亚）。他花了8年时间广泛地探索，热情地收集，并提出了他自己的演化论。

华莱士的日常生活可能有助于激发他的理论。虽然像达尔文这样的博物学家只会收集自己研究需要的标本——最多每个物种收集几个标本，华莱士的目的则是尽可能多地收集有人想买的物种。回顾他努力的结果，即使在一个物种的单一种群中，他也不可能不注意到颜色、大小和其他特征的差异。

他的才华并不是体现在注意到了这一事实——更早的标本采集者们无疑也注意到了这一点——而是体现在提出问题："这意味着什么？"同属于一个物种的个体显然不是完全相同的，不同岛屿或河流两岸上的物种看起来相似但不相同。为什么相似，又为什么不相同呢？

不管他到底是如何获得这些理论成就的，1855年，华莱士在加里曼丹岛沙捞越州等待季风季节过去的时候，撰写了《论控制新物种发生的规律》（On the Law which has Regulated the Introduction of New Species）。这篇论文在同年的晚些时候发表于《博物学年鉴和期刊》（*Annals and Magazine of Natural History*）。

华莱士的理论中有几个他没有回答的关键问题。但是，当达尔文读到这位年轻的标本采集者加了斜体的陈述"*每个物种都与一个预先存在的近缘物种在空间和时间上密切相关*"时，他就知道这些细节并不重要。达尔文最终明白了，如果他不想失去这个他酝酿了如此之久的理论的全部功劳，他还是把自己的理论公之于众比较好。

查尔斯·达尔文在1859年首次出版了《论处在生存竞争中的物种之起源（源于自然选

人们很容易假定，查尔斯·达尔文和阿尔弗雷德·拉塞尔·华莱士——两位独立提出演化论的梦想家是竞争对手，但那是错误的。1887年，在达尔文去世后，华莱士告诉《辛辛那提问询报》（the Cincinnati Enquirer）："我们是好朋友……我收到过他的一百多封信。"在他们的长篇通信（包括图中的这封信）中，他们讨论的话题从热带野生动物到家禽，再到推广有争议的新理论的考验和磨难。当《问询报》询问他在《物种起源》出版的几十年后是否依然相信演化论时，华莱士补充道："比以前更相信。一个人生活和学习得越多，他就越相信真理。"

择或者对偏好种族的保存）》（On the Origin of Species by Means of Natural Selection or the Preservation of Favoured Races in the Struggle for Life），现在以更简单的标题《物种起源》而闻名。但是那个完整的标题也值得庆祝，因为它表明了在受到刺激而终于开始行动之后，达尔文把思想的闸门大大打开，不留下任何模棱两可的余地。

例如，在这本书的开篇处，他充满激情地声明了他确定自然选择是演化的驱动力："因为每个物种的出生个体数都远远超过了能够存活的个体数；又因为，经常出现生存斗争，所以，对于任何生物，即使它有一点点对自己有利的变异，在复杂并且时常变化的生活条件下将有更好的生存机会，因此受到了自然的选择。因为强大的遗传原理，任何受选择的品种都会倾向于繁殖其新的、改良的形式。"

并且，在接近该书结尾的地方，他对演化整体的辉煌作了一番华丽的宣言："生命蕴含着各种力量，而它最初仅有一种或几种形式；当这颗星球按照固有的引力定律运行的时候，生命从一个简单的起点开始，演化出无穷无尽的、最美丽又最伟大的形式，并且还在继续演化着。这种看待生命的视角蕴含着大美。"

一不做，二不休。最后，达尔文证明自己已经作好了准备，并且愿意面对因为他的结论（是大自然本身，而不是神灵，创造了地球上丰富多彩的生命）而必将爆发的争论。他克服了自身的恐惧，以及因华莱士的意外出现所导致的时间上的巨大压力，写出了一本精彩绝伦的书，这对于一个需要使科学家和公众信服的理论而言至关重要。

即使对于今天的读者来说，《物种起源》仍充满了清晰的论述、生动的描述，充满了发现的喜悦、辩论的热情，以及智力跳跃到虚空中时那种肾上腺素飙升的感觉。这也表明达尔文的理论在他返回英国后的几年里已经得到了发展和深化。

例如，《物种起源》在开篇详细探讨了"家养状况下的变异"，其中包括达尔文自己对鸽子的研究和他对犬类育种的研究。通过这样做，这本书提供了一个平易近人的入口——每个人都熟悉狗的品种和驯养的鸟类，这入口通向了对于他所陈述的更多大胆的延伸——关于野生物种的可突变性对于地球生命的意义。

正如达尔文所认为、希望并且担心的那样，《物种起源》自发表之日起就引起了轰动，成为激起争论的来源。（甚至在如今的一些圈子里仍然如此。）他后来又写了几个更新的版本，来支持和微调他的论点。

但即使面对那些拒绝放弃神创论的宗教领袖和科学家最刻薄的批评，达尔文也从未放弃他的信念——不，他的确定性：地球上的生命确实是一个奇迹，但是是一个自然的奇迹。无论当时和现在的争议如何，他的革命性理论本质的清晰和美仍然是不变的。

约瑟夫·华莱士

第22—23页｜华莱士惊叹于八色鸫（八色鸫科［Pittidae］，一类主要分布在旧大陆的陆生鸟类）的"绚丽的蓝色和深红，精美的绿色、黄色和紫色，天鹅绒般的黑色和纯白色"。他在加里曼丹岛和苏门答腊岛上收集了这些标本，这些岛屿位于今天仍被称为"华莱士线"的西边。华莱士自己被"线的西边主要是亚洲动物群，而线的东边主要是澳大利亚动物群"这一事实所震撼，这使得该区域成为一个展示地理隔离导致新物种演化的绝佳地点。

第一章

远古的历史

有时，人们很容易把演化想象成一个精妙的、有目的的过程：它不停地朝着一个终点前进，这个终点就是生物和环境的完美契合。但是实际情况当然不是这样：演化实际上是一台巨大的、轰轰作响的发动机。它由随机的突变和变化组成，并布满了死路、错误的转弯和旁枝末节，以及我们周围那些看似完美的生命形式。（当然，它们也是同一台发动机的燃料，并总是在变化着。）

演化运作的过程（由查尔斯·达尔文和阿尔弗雷德·拉塞尔·华莱士首先想出来，并且达尔文用不容置疑的细节描述了它）解释了地球上丰富多彩的生命。（有多丰富？科学家们粗略地估计，现在仅仅在动物中就有约5 000种哺乳动物，1万种鸟，100万到3 000万种昆虫存在。"粗略地"还算是一个恰当的形容词。）

但几乎在每两个关于演化史和物种之间的关系的问题中，都有一个仍然可以进行辩论和重新校准。（化石记录看上去似乎充满了从古代蕨类植物到恐龙的一切事物的证据，实际上非常的零散。）演化和我们对它的理解都像是永动机，这就是让研究它变得如此有挑战性又如此令人满足的原因。

....

左图｜在很长一段时间里，始祖鸟（*Archaeopteryx*）似乎是人们所知的唯一一种远古鸟类。然而事实上，远古鸟类从来就不止一种，只是有很多种最近才被古生物学家们发现，极大地丰富了我们对于鸟类演化的认知。这只和乌鸦一般大小的孔子鸟（*Confuciusornis*）生活在早白垩纪（Early Cretaceous Period）（1.2亿到1.25亿年前），地点位于今天的中国。自从第一个孔子鸟的标本于20世纪90年代被发现以来，在辽宁省义县组和九佛堂组进行发掘工作的古生物学家们已经发现了数百具完整的孔子鸟骨架，这些骨架属于至少4个不同的物种。

第26—27页｜看起来毫不起眼的地衣，讲述着迷人的演化故事，然而这故事的起源和过程，却至今没有被完全弄清楚。每一种地衣都是一个复合体，由一对处于共生关系的特定的真菌和藻类或者蓝细菌（有时还可以两者兼有）组成。关于它们的分类，科学家们进行过长期的争论，现在人们根据地衣的真菌组成对其进行分类。尽管只有零散的化石记录，有证据表明，最早的地衣至少在4亿年前就出现了，并且它们标志性的真菌-藻类共生关系在不同的时间和地点里独立地演化了很多次。地衣有着各种各样的形状、形式、大小和颜色，比如图中拥有鲜艳红色的现代地衣。照片拍摄于加拿大北部。

上图和右图｜在18世纪前，人类几乎完全在地球的表面生活和工作，在陆地上狩猎、采集和耕作。直到一个更加工业化的时代到来，伴随着大幅扩张的采矿业（为了获得煤矿、铁矿和其他矿藏）、农业，和为了建造房屋进行的挖掘工作，人们才能够通过岩层阅读地球的历史（以及曾经在地球上居住过的生物）。这在一定程度上促进了演化论的发展。

第30—31页｜物种通过演化生存于逐渐变化的环境中，但是当环境条件迅速变化时会发生什么？分布范围局限于美国加利福尼亚州莫哈韦沙漠部分地区的约书亚树（Yucca brevifolia），或许可以给这个问题提供一个答案。由于气候变化和其他因素，在这个世纪结束之前，它会在它的主要保护区（约书亚树州立公园）内灭绝。它是一种古老的树，不太可能成功地扩散到新的栖息地。曾经，沙斯塔地懒（Nothrotheriops shastensis）会帮助约书亚树散播种子，但它们已经在1.3万年前灭绝了。

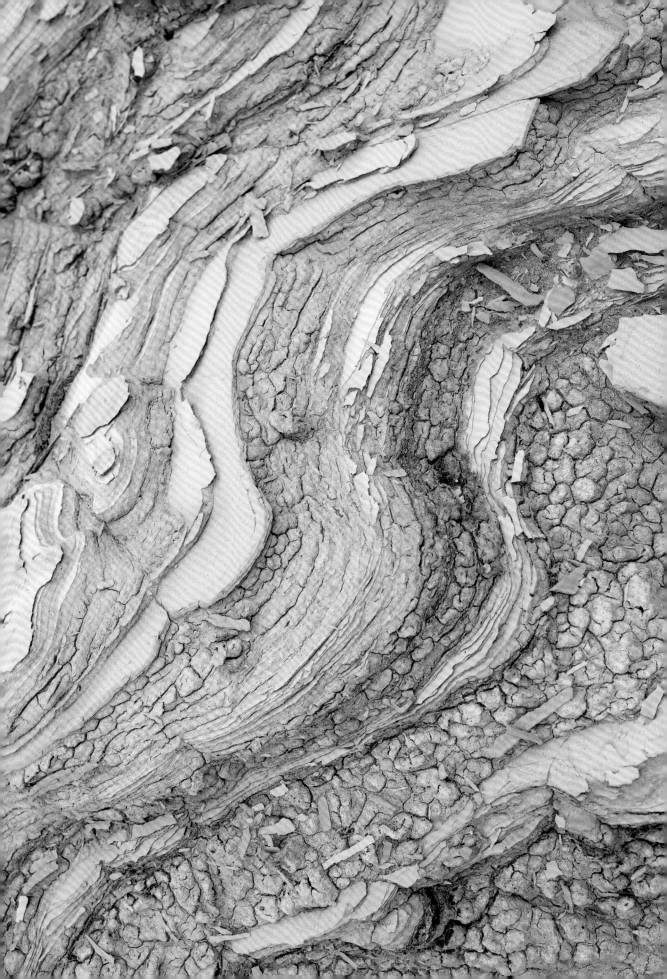

　　第32—33页 | 目前人类已知的化石记录，远远说不上"完整"。我们无法知道，有多少物种没有留下任何痕迹就消失了，或者还有多少化石等待着我们去发现。在最近的几十年内，有一些极好的化石被发掘了出来，比如坎氏冯克里龙[1]（*Vancleavea campi*），它们的牙齿仍然与颌骨相连，骨质鳞片中有骨骼的残余。这样的发现使得科学家们可以获得关于这颗星球上已经灭绝的生物的知识，以及它们的演化历史。坎氏冯克里龙展示了古生物学的宝藏的品质，以及不完整的化石记录所带来的挑战：坎氏冯克里龙仅在北美西部的少数地方被发现，它是一种不同寻常的爬行动物（不是恐龙），其分类至今仍有争议。

1.该物种尚无相应中文译名，此处为译者音译。——编者注

右图｜在很多化石的发掘地点，化石都存在着位置错乱、碎片化、不完整的问题。但是，有时（譬如在巴西的圣安娜组和美国怀俄明州、科罗拉多州和犹他州的绿河组）科学家们也会找到一片"金矿"：保存状况完美的化石沉积，甚至连最脆弱的结构都被保存了下来。图片中的化石属于一种叫作舌羊齿的种子蕨，这种古老的化石对于我们理解地球的历史有着至关重要的作用。舌羊齿曾经的分布区域，现在位于几块分散的大陆上，这帮助科学家们意识到，地球上的大陆曾经是一块连在一起的超级大陆。这使得人们对于板块构造和大陆漂移有了更深的理解。

第36页｜最早的棕榈叶化石可以追溯到大约9000万年前的白垩纪时代。在那个时代，被子植物（有花植物）的数量和多样性正经历着巨幅的增长。古生物学家们深入了解被子植物演化史的唯一途径，就是植物被沉积层或者琥珀捕获的稀有情况。尽管科学家们对于这片保存在怀俄明州绿河组沉积岩中的棕榈叶（*Sabalites*属）的分类地位还有争议，但是这块化石很可能是于早始新世（4780万到5600万年前）形成的。

第37页｜这只精致的瓦普塔虾（*Waptia fieldensis*）（类似于现代的虾，虽然它的实际分类地位仍然不清楚）来自加拿大不列颠哥伦比亚省的伯吉斯页岩化石床。这些化石床年龄古老（来自寒武纪，5.05亿年前），又极好地保存了生物的特征，使得我们能够了解很多关于那些遗骸保存在那里的动物们的生活细节。寒武纪见证了地球上生物多样性的第一次爆发，在之前的大约40亿年的时间里，几乎所有的生物都只有一个细胞。在1000万到2000万年中（在地质学里这就是一瞬间），大多数现存物种——从藻类到所有脊椎动物——的祖先都出现了。

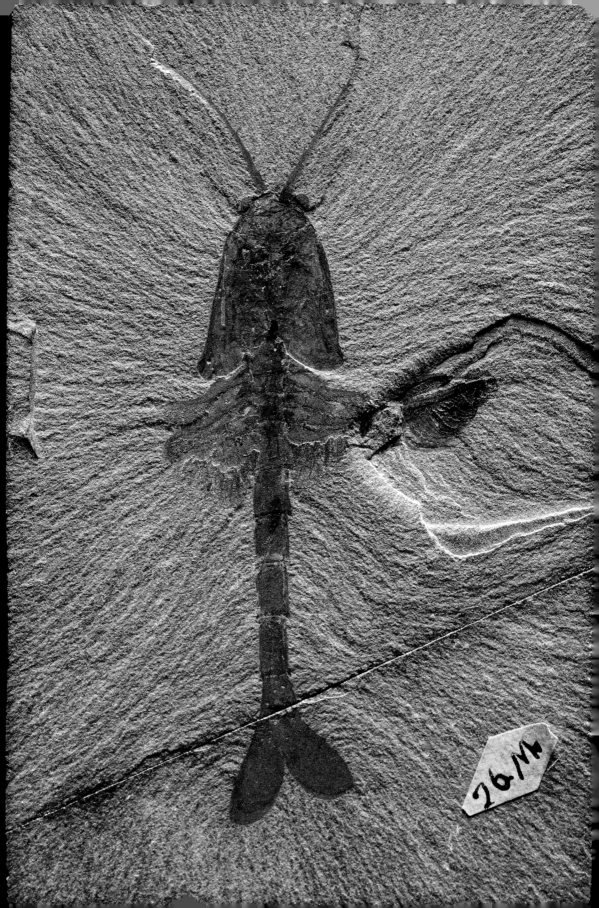

第38—39页｜在查尔斯·达尔文生活的时代，广泛地挖掘矿物、开辟农场和道路揭示了一件至关重要的事情：居住在地球上的生物，甚至地球本身，都不是不变的。西部内陆海道的发现为此提供了一个壮观的证据。在白垩纪时期，它是一片巨大的浅海，从现在的墨西哥东部一直延伸到加拿大北部。如今，这个区域大部分都远离任何海洋环境，那么古生物学家是怎么知道它曾经是一片海的？因为他们发现了被称为蛇颈龙和沧龙的巨大海洋爬行动物的化石，还有巨大的鲨鱼、其他鱼类以及海百合（海胆和海星的亲戚，它们都属于棘皮动物）的化石，比如这个来自堪萨斯州的美丽的尤因塔海百合（*Uintacrinus socialis*）标本。

右图｜现代鸟类学家会立即将这个标本识别为雨燕——但它是一种生活在近5000万年前的始新世时期的雨燕（［*Aegialornis szarskii*］或［*Scaniacypselus szarskii*］），它们生活的地方位于现在的德国梅塞尔。和很多其他精美的化石一样，它于梅塞尔化石坑被发现，一个废弃的油页岩采石场。在为了科学研究被保存下来之前，那里几乎要被改建成垃圾填埋场；而现在，它成了一处世界遗产地。这只雨燕被埋葬在了油页岩中（由湿地环境中的泥土和植被逐渐沉积形成），所以一直保持着原始的形态。

第42—43页｜查尔斯·达尔文生活在新发现的化石如潮水般涌入博物馆和大学的时代。这块鸟类化石（现代鼠鸟的祖先）被发现于梅塞尔化石坑。在坑中也发现了昆虫、爬行动物和哺乳动物，它们原始的状态如毛发、羽毛、胃内容物，甚至颜色都被保存了下来。这些标本作为一个整体，提供了看待始新世时期生命的无与伦比的视角。

第44—45页｜"一个原因是湖岸有良好的沉积条件，另一个原因是动物，包括人类，喜欢靠近水源。"伟大的古人类学家理查德·利基（Richard Leakey）用这两个原因解释为什么人类祖先以及许多其他生物的遗骸经常在湖岸附近被发现。这些美丽的人类足迹，形成于大约12万年前，被发现于坦桑尼亚的纳特龙湖以南。

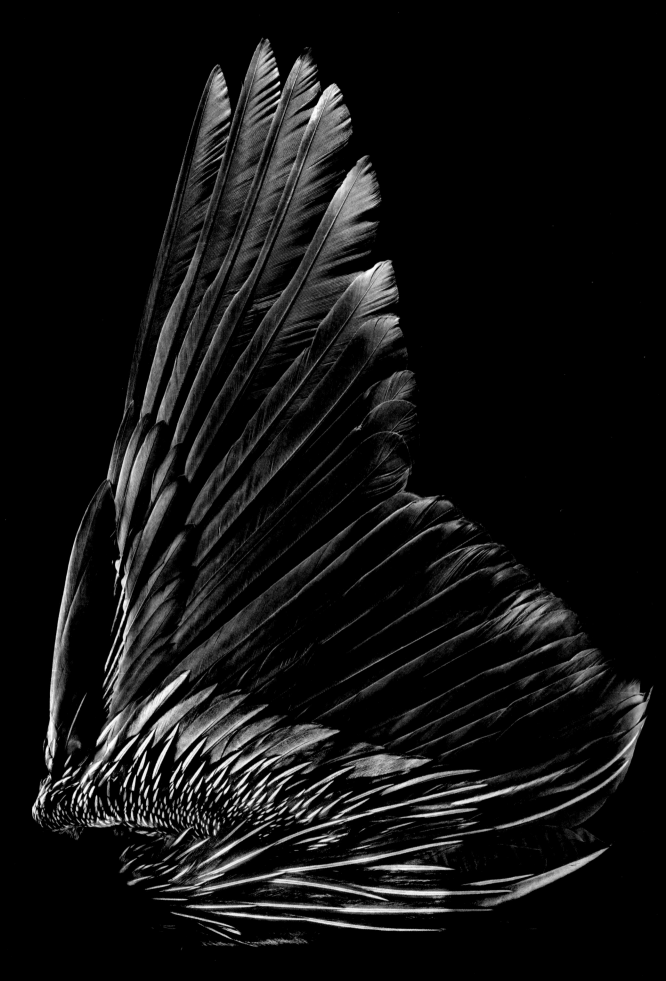

第二章

鸟类：自然选择和人工选择

飞行的能力在地球的生命史中重复地演化过：在数以万计的昆虫中，在一个分布最广泛的哺乳动物群体（蝙蝠）中，还有当然是在无与伦比的鸟类中。（两栖动物也有可能最终加入它们。一些两栖动物可以用它们的腿和躯干之间的皮瓣来长距离滑行，就像蝙蝠的祖先所做的一样。）

飞行，独立演化了这么多次，很好地展示了在达尔文的年代科学家们就已经发现的两个演化特征。第一个是趋同演化：亲缘关系不近的群体（如哺乳动物和鸟类）演化出相似的体质特征和习性，并填充了类似的生态位。例如，蜂鸟和某些蝙蝠都有在花朵前悬停并饮用花蜜的能力。

鸟类也存在一种被称为平行演化的现象：亲缘关系较近但地理上离得很远的物种演化得彼此相似，并拥有相似的生态位。例如，南美洲的美洲鸵、非洲的鸵鸟和大洋洲的食火鸡，分别独立演化成了体形巨大的、主要食素的、不会飞的鸟类。

第46页及左图｜突变受到选择，是因为它们为一个物种提供了生存优势，因此飞翔的能力在地球的生命史中，在不同的动物群体中被重复演化出来也就不足为奇了。这种现象被称为趋同演化。在远古时代，被称为翼龙的爬行动物——包括风神翼龙（*Quetzalcoatlus*）这样的庞然大物，其翼展可能超过15米——获得了主动飞行的能力，这种能力几乎所有的鸟类和蝙蝠，以及无数的昆虫都拥有。左图展示了南美洲的动冠伞鸟（*Rupicola*属）的翅膀的精致结构，第46页则展示了一只美洲蛇鸟（*Anhinga*属）的翅膀。

右图｜不久之前，它还是一个有争议的理论，但现在这个理论被广泛接受了：鸟类不仅仅像恐龙，它们就是活着的恐龙，从麻雀到老鹰到达尔文雀的所有鸟类都是。但很少有鸟类像南方食火鸡（*Casuarius casuarius*）那样明显。南方食火鸡是一种不会飞的鸟，原产于澳大利亚和新几内亚，它有1.5米高，体重超过45千克，是地球上最大最重的鸟类之一。它犀利的眼神、革质的头冠和强大的喙都使人联想到远古的恐龙，长着三根脚趾的骇人大脚也是如此。它（就像迅猛龙［*Velociraptor*］和其他似鸟恐龙一样）可以把脚当作武器来使用。

第50页｜这具矛隼（*Falco rusticolus*）标本只是英国鸟类学家和动物标本制作者约翰·汉考克（John Hancock）在达尔文的年代制作的许多标本之一。动物标本制作术的进步使得达尔文能够研究他在野外永远看不到的鸟类，而他作品的出版也激励了下一代的动物标本制作者。在达尔文琢磨他理论的那些年，他与许多著名科学家通过信，其中就包括约翰·汉考克，以及和他同为博物学家的兄弟，奥尔巴尼·汉考克（Albany Hancock）。

第51页｜鸟类当然不是唯一可以真正飞行的动物。作为一个很好的趋同演化的例子，蝙蝠在夜间填充了许多鸟类在白天的生态位。尽管自从1861年著名的始祖鸟被发现以来，鸟类的演化一直是科学研究的焦点，但是蝙蝠演化的记录却不尽如人意。从科学家们现在的理解来看，蝙蝠最有可能来自一个这样的祖先：它有一个从前肢连接到躯干的皮膜，可以用来从一个地方滑翔到另一个地方，就像今天的飞鼠一样。这种滑翔逐渐演化成了今天如此成功的主动飞行。地球上约20%的哺乳动物都是蝙蝠。

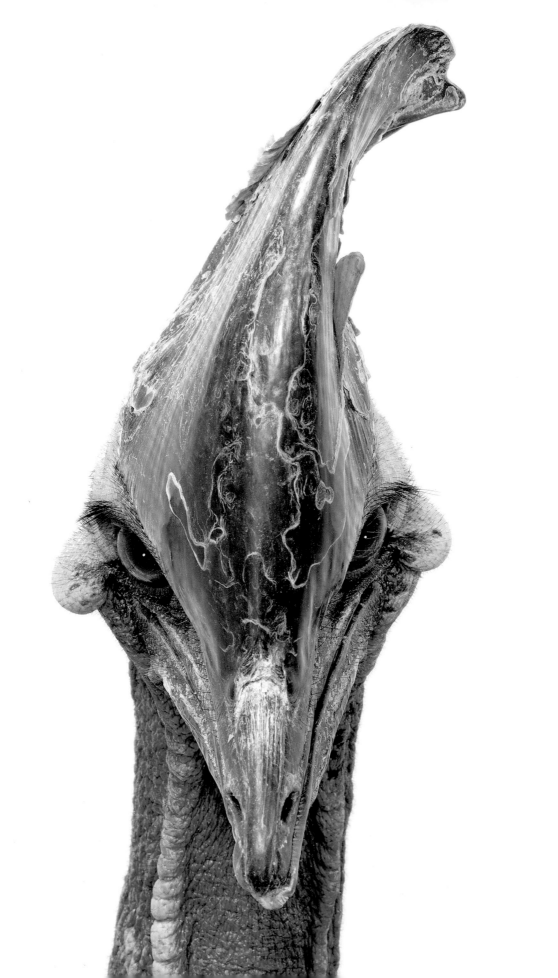

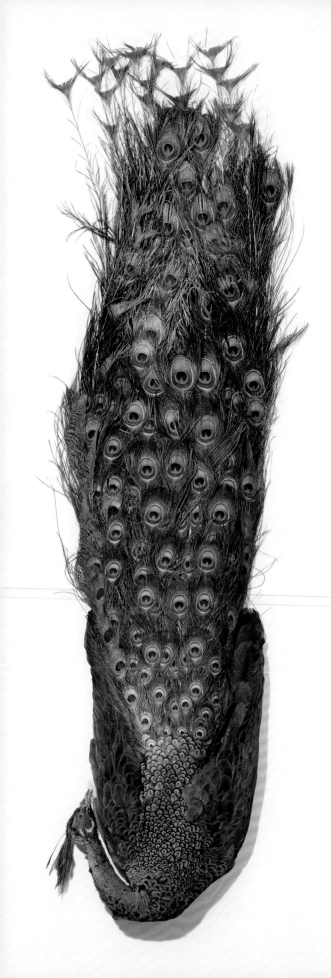

第52—53页｜"每当我凝视孔雀尾巴上的羽毛时，就会感到头疼！"查尔斯·达尔文在1860年写给植物学家阿萨·格雷（Asa Gray）的一封信中抱怨道，这一年刚好是他发表《物种起源》的后一年。达尔文并不是在抱怨孔雀和它的尾羽不够美丽。他的问题更为深刻，因为他认为自然选择是由寻找食物和避免成为食物的挑战所驱动的，起初他根本无法理解巨大、笨重的尾巴能给孔雀带来什么样的选择优势。事实上，如果孔雀碰到了一个捕食者，它的尾巴会成为一个障碍。

左图｜达尔文——以及个人非常了解亚洲孔雀栖息地和它们的猎鸟[1]亲戚的阿尔弗雷德·拉塞尔·华莱士——开始相信鸟类的某些特征（包括它的体形、绚丽的颜色和壮观的装饰性羽毛）提供了另一种选择优势：它们有助于吸引配偶。然而，最近的研究表明，尺寸巨大的尾巴和显著的"眼状斑点"实际上也可以威胁捕食者，提供生存优势。

右图｜原产于墨西哥、伯利兹和危地马拉的眼斑吐绶鸡只有一个近亲：为人熟知的野生火鸡，其驯化品种是美国的感恩节大餐的主菜。这两个物种是火鸡属（Meleagris）仅有的成员，它们既庞大，又移动得相对缓慢，对人类来说还非常美味。结果，野生火鸡在一个世纪前濒临灭绝，失去了种群中98%的个体，直到后来因为大量的人工引入才恢复种群。它长着眼斑的表亲（尾巴上的斑点像眼睛，因而得名"眼斑吐绶鸡"）就不那么幸运了。除了少数几个保护区以外，已经找不到它的踪迹了。它们现在被认为是濒危物种。

1.指常被人类作为娱乐性狩猎对象的鸟类。——译者注

左图｜即使使用最先进的分析手段，科学家有时仍然会对熟悉的物种的谱系感到困惑。一个例子是地中海隼（*Falco biarmicus*），它原产于欧洲和非洲。地中海隼通常与其他3个物种一起被归为沙漠隼亚属。虽然这个类群是在大约200万年前演化出来的，但每只现存的沙漠隼亚属似乎都来自同一个祖先，这个祖先生活在距今仅仅11.5万年到13万年前。这似乎表明有一个还没有被解释的"瓶颈"——这个祖先物种在这个"瓶颈"期中几乎灭绝，但没有人能确定这件事发生过。

右图｜眼睛的演化是科学中最引人入胜的故事之一。复杂的眼睛出现在许多不同的类群中，科学家们估计这个器官已经独立演化了多达100次。最近的研究还揭示了为什么猫头鹰的视力在黑暗中也那么好：它们的大脑经过了专门的设计，用来处理从它们硕大的视网膜里传递过来的大量信息，特别是在光线不足的情况下。这种对视觉信息的传递和处理使得猫头鹰演化成了卓越的夜间猎手，在这方面，它的作用似乎比加强捕捉光线的能力或提高对光线的敏感度都要重要。

第58—59页｜如果你去非洲看野生动物，你可能会看到一只1米高的鸟在跟踪你，它的头部和喙类似于鹰，但它的长腿看起来更像鹤。它就是蛇鹫（*Sagittarius serpentarius*），一种与鸢和秃鹫亲缘关系很近的凶残猛禽。这种鸟会捕食蛇，包括能让它很快丧命的毒蛇。当它跳跃在它的猎物上，试图抓住蛇的脊椎时，只有布满鳞片的脚和腿暴露在外面。它身体上更脆弱的地方都保持在远离蛇的毒牙的位置上。

第60—61页｜每只鸡——不论其大小、体形、羽毛或鸡冠是什么样子——都是红原鸡（*Gallus gallus*）的后代。红原鸡和它的3个近亲都生活在印度、斯里兰卡、印度尼西亚和东南亚的其他国家的森林中。鸡的黄色皮肤似乎来自与灰原鸡（*G. sonneratii*）的杂交，并因为农民提供的饲料添加剂而变得更黄。在至少7000年前，人类第一次驯服了原鸡——可能分别在东南亚和印度南部。从那时起，我们繁育出了数百种不同的品种，并且家禽已经成为全球数量增长最快的人工豢养群体。

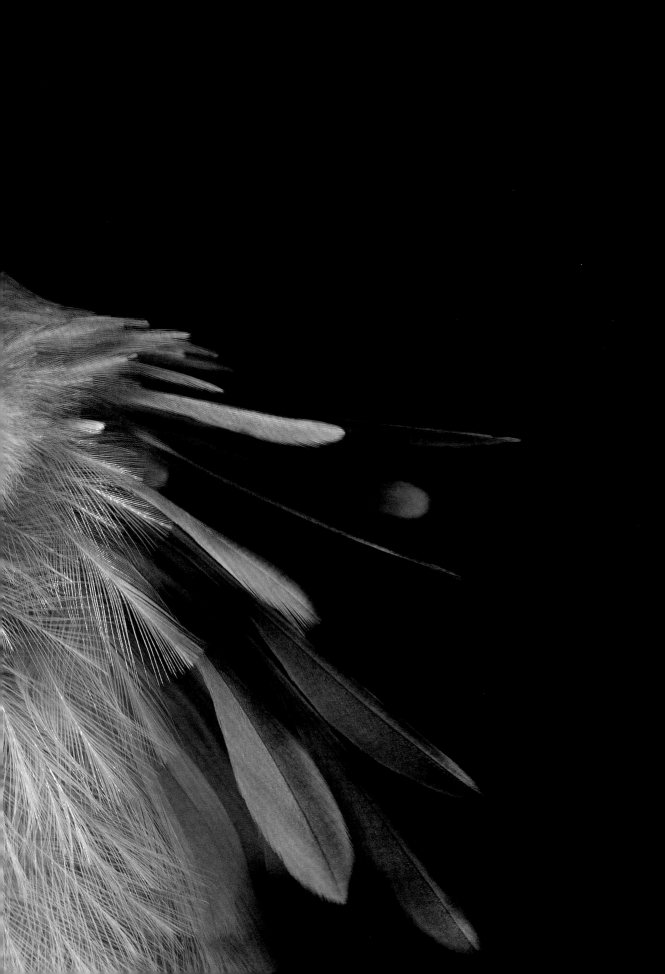

下图｜任何鸟类似乎都不可能日复一日地用它的头去撞一棵活着的树的树干，每天撞击多达1.2万次而不受到骨骼损伤或脑损伤。啄木鸟能够做到这一点，因为它们的大脑周围是一层厚厚的骨头，里面布满了小骨片，从而形成一层致密的纤维网，以起到减震器的作用。此外，啄木鸟的舌器非常大，包裹在头骨周围以提供更多的缓冲。除了这些和其他骨骼特征，啄木鸟会本能地改变撞击的角度，以最大限度地减少重复动作造成的伤害。总之，这些适应性能力使得啄木鸟能够在几乎世界各地（从北方森林到热带地区的各种环境中）茁壮成长。

右图｜正如查尔斯·达尔文乘坐"小猎犬"号造访加拉帕戈斯群岛和其他群岛时所发现的那样，岛屿是地球上最奇异的也是最脆弱的物种的家园。很少有岛屿在这方面比新西兰表现得更加明显。新西兰的鸟类曾经包含9种恐鸟，它们是巨大的不会飞的鸟类（甚至连鸵鸟和鸸鹋那种残留的翅膀都没有），身高可达3.7米，体重可达227千克。可悲的是，自从这些岛屿在13世纪被波利尼西亚的探险家占领以来，恐鸟（没有防御猎人的能力）就开始以惊人的速度消失。各种恐鸟都在200年内灭绝了，只留下几副骨架，例如右图中的这副。

第64—65页｜作为演化的荣耀，天堂鸟是如此华丽，以至于早期的标本采集者们认为它们是来自天堂的使者。今天，我们知道的所有极乐鸟科（Paradisaeidae）物种（有40多种）都是在如今的新几内亚、澳大利亚北部和附近的岛屿上演化出来的。极乐鸟科的大部分物种（包括这对雌性和雄性的小天堂鸟［*Paradisaea minor*］）也发展出了几乎无与伦比的求偶行为，它们中的雄性会跳复杂的舞蹈来炫耀闪闪发光的羽毛，并唱出喧闹的歌声。与此同时，那个不那么耀眼的雌性会跳来跳去，来决定"他"是否适合"她"。

右上图｜这是一只环颈雉（*Phasianus colchicus*）的眼睛。该物种原产于亚洲，作为狩猎活动的猎物已被广泛引入其他大陆，至少可以追溯到渐新世（大约3 000万年前）。雉是鸡形目（Galliformes）的一部分，鸡形目还包括原鸡（和家鸡）、孔雀、鹌鹑、松鸡和火鸡。鸡形目的一个特征是：它们对人类和其他捕食者来说很美味，因此许多物种在野外的数量很稀少或正在减少。

右下图｜和从金刚鹦鹉、隼到蚁鸟等数十种其他鸟类一样，原产于澳大利亚的宝石姬地鸠（*Geopelia cuneata*）的眼睛周围有五颜六色的裸露皮肤。关于这些适应性特征为何会演化出来，仍然有不同的科学解释（这些解释常常是有争议的），但在许多物种中，它们明亮的、颜色显著的裸露皮肤被认为是第二性征，有助于它们求爱。

第68—69页｜导致许多鸟类身上部分区域羽毛稀疏或没有羽毛的另一个可能的演化优势就是体温调节。与哺乳动物不同，鸟类不具备汗腺。特别是对于那些生活在炎热气候中的鸟来说，裸露的腿脚、稀疏的羽毛或裸露的头部和脸部可以帮助它们避免体温过高。这种蓝黄金刚鹦鹉（*Ara ararauna*）原产于巴拿马和南美洲的热带雨林。

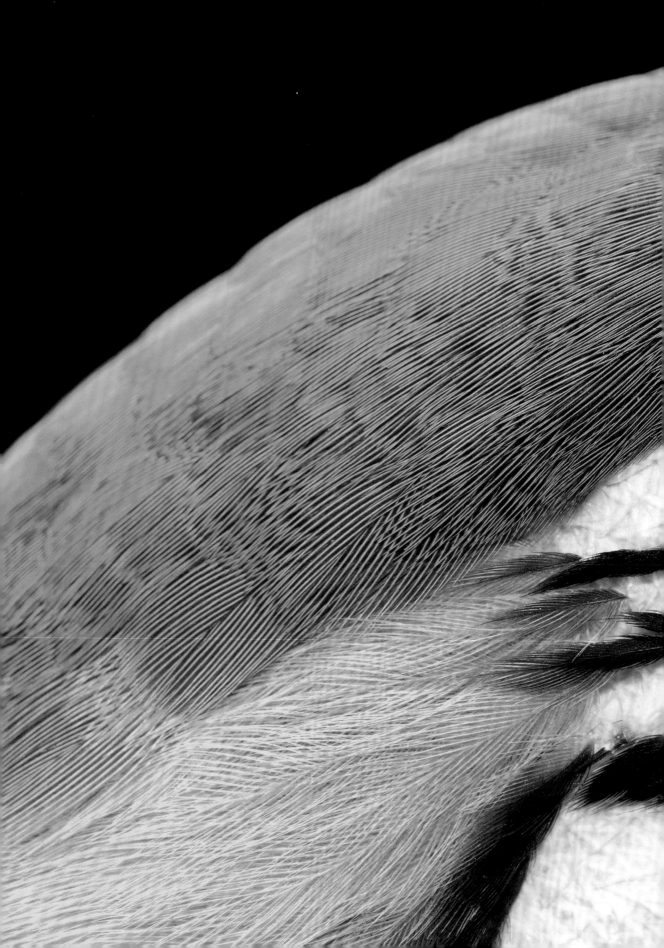

右图｜鹦鹉不仅是人们最熟悉的鸟类之一，也是分布最广泛的鸟类之一，生活在除南极洲以外每个大陆上。不出所料，一些世界上最独特的鹦鹉生活在大洋洲（澳大利亚、新几内亚和其他岛屿），包括美丽的凤头鹦鹉（比如这种葵花凤头鹦鹉［*Cacatua galerita*］）。凤头鹦鹉的分类仍存在争议，但人们认为，它们的祖先于大约4 000万年前与大家熟悉的"真正的"鹦鹉（即金刚鹦鹉、亚马孙鹦鹉和长尾小鹦鹉）分开了。如今，在超过20种凤头鹦鹉中，很多物种拥有凤头鹦鹉独有的颜色（如白色和黑色），这些颜色很少能在其他鹦鹉身上看到。

第72—73页｜在由查尔斯·达尔文培育的鸽子中，人工（或驯化）选择所造成的变化包括往上长而不是往下长的羽毛（如雅各宾鸽，左图）和过大的嗉囊（球胸鸽，右图）。"我毫不犹豫地肯定这些岩鸽的家养品系之间，在外部特征上的差异，与自然界中不同属的动物间的差异一样大。"达尔文在其1868年出版的《动物和植物在家养下的变异》（*The Variation of Animals and Plants under Domestication*）一书中写道。

右图｜几千年来，人类一直在培育用作食物和其他用途的鸽子。从右上方开始，顺时针方向：斯堪达隆信鸽，达尔文的最爱，曾经被用于送信的品种；东方褶皱鸽，曾作为皇家鸟类被培育出来献给土耳其的奥斯曼苏丹；修女鸽，最初因其翻卷的羽毛而备受欢迎；匈牙利巨鸽。尽管家鸽在体形、羽毛、喙长和其他特征上存在显著差异，但达尔文认为所有鸽子都来自一个共同的祖先：人们熟悉的岩鸽。他是对的。近年来，人们已经绘制了40多个鸽子品种的基因组图谱，证实了他的推测，同时也精准地定位了导致不同家鸽品种间的许多独特身体差异的特定基因突变。

第76—77页｜鸟类的多样性不仅体现在大小、形状、栖息地、羽毛和行为，它开始得早得多。这一系列的鸟蛋（来自位于英国泰恩河畔纽卡斯尔市的汉考克大北方博物馆）也展示了一些这样的多样性。在自然界中，鸟蛋可以小如吸蜜蜂鸟（bee hummingbird）的鸟蛋（豌豆大小），也可以大如鸵鸟蛋（重达1千克的庞然大物）。从19世纪90年代到2009年，大北方博物馆被称作汉考克博物馆，以纪念伟大的19世纪英国博物学家奥尔巴尼·汉考克和约翰·汉考克，他们都是查尔斯·达尔文的朋友和支持者。

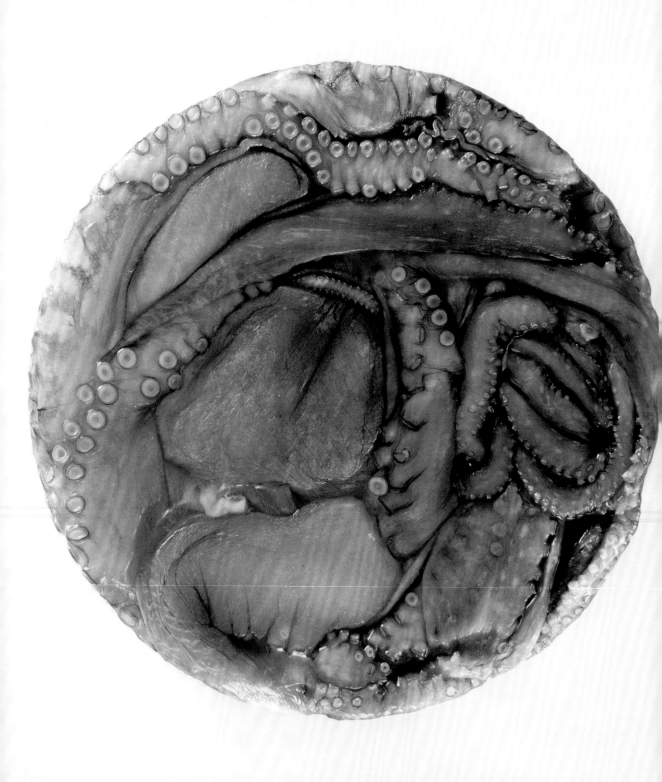

第三章

冷血动物的多样性

爬行动物、两栖动物和鱼类，作为历史可追溯到数亿年前的动物群体，它们体现了物种存在的短暂性和脆弱性。

从化石记录中可略知一二。当看到霸王龙（*T. rex*）或巨齿鲨的骨架的时候，人们很难不被这曾经雄霸地球，而如今却不复存在的奇迹所打动。

这种脆弱性存续至今。除了一些例外，判断一个物种何时灭绝的是非常困难的。但很容易看出过度捕捞加之栖息地的污染和破坏，是如何摧毁众多从石斑鱼到大比目鱼再到金枪鱼的海洋鱼群的。灭绝的阴影笼罩着每一种生物。

青蛙和蝾螈所面临的威胁其实更加可怕，尽管鲜为人知。许多两栖动物生活在脆弱的湿地环境中，这些环境正在受到发展、污染、气候变化和其他方面的持续压力。近几十年来，它们也被证明极易受到真菌感染的影响，这类疾病被认为是造成至少100种蛙类灭绝的部分原因。

如果没有更进一步的聚焦和关注，蛙类——以及其他两栖动物、爬行动物和很多鱼类，很快就会像非鸟恐龙一样，只留存于地球的记忆中。

第78页｜对章鱼DNA的分析表明，这些迷人的生物在遗传和其他方面都是那么与众不同——比如能够适应几乎任何形状的小空间。章鱼的基因组几乎与人类的一样庞大繁杂，它们拥有大约5亿个神经元，比鱼类、爬行动物、两栖动物甚至一些哺乳动物都多。值得注意的是，这些神经元大多数都不是在头部发现的，而是遍布其8个腕。也因为这种特性，每只腕可独立地应对威胁与刺激，即便与身体其他部分分开，这种技能也依然得以保留。

左图｜群岛是多样性的发源地，同时也是世界上许多最濒危的物种的栖息地。（岛屿上的生物群体本来数量就少，因此特别容易被捕猎或栖息地的破坏所影响。）一个典型的例子就是马达加斯加，它是狐猴以及一些特有的鸟类和植物的家园，也分布着一些地方特有的爬行动物，如犁头龟或安哥洛卡象龟（*Astrochelys yniphora*），它的腿如图所示。犁头龟被国际自然保护组织列为极度濒危物种，估计仅有不超过400只个体，并且可能在未来50年内于野外灭绝，与此同时马达加斯加的其他特有种也不会幸免。

第82—83页｜咸水鳄（*Crocodylus porosus*）长有5个脚趾的足和长而有力的尾巴。早期的鳄形类（一个包含了早期鳄鱼及其现已灭绝的亲戚的群体）包括厄式鳄[1]（*Erpetosuchus*）这样的动物，它们体形小，陆生，并且可能是两足动物。但是自从真鳄类在白垩纪晚期出现之后，这个类群存活了下来，并且与我们今天看到的样子没有太大区别。鳄鱼为什么经历了漫长的时间而不会演化成截然不同的样子？和其他大而凶猛的食肉动物（如大白鲨）一样，鳄鱼依靠它们的体形、力量和锋利的牙齿来压倒它们的猎物。这种狩猎技术简单而有效，这点鳄鱼的长寿可以证明。

第84—85页｜鳄鱼的眼睛已经演化出各种各样的特性使它们适应半水生环境、猎物的种类和捕食技巧。它们的眼睛受到瞬膜（第三眼睑）的保护，当爬行动物潜入水下时这层瞬膜会保护眼睛，而眼球本身可以在攻击时被吸入眼窝。同时，一层薄薄的鸟嘌呤晶体（又叫视网膜绒毡层）就在眼睛后面。通过将光反射回视网膜，它能增强成像能力，使得鳄鱼能够在光线微弱的情况下捕食。手电筒在绒毡层上投射的光的反射产生了这种在鳄鱼和其他动物中可看到的眼耀。

1.该物种尚无相应中文译名，此处为译者音译。——编者注

第86—88页｜安乐蜥（安乐蜥科［Dactyloidae］）是所有蜥蜴中最为人所熟悉的。但不太为人所知的是，安乐蜥的演化速度远比以前认为的自然界最快的物种演化速度要快。比如沙氏变色蜥（*Anolis sagrei*，原产于古巴和巴哈马）可以在一代内获得更长的后肢，使其能够更容易地攀爬以逃避捕食者或追捕猎物；类似地，当原产于美国的绿色安乐蜥（*Anolis carolinensis*）受到入侵的沙氏变色蜥的威胁时，它的趾垫变得更大以利于它在树林中爬得更高。这些以及其他意想不到的快速适应性迫使科学家们重新思考关于演化速度的传统观点。

上图｜华莱士飞蛙（*Rhacophorus nigropalmatus*）原产于马来西亚和加里曼丹岛，由阿尔弗雷德·拉塞尔·华莱士于1869年首次描述。与其他一些树栖青蛙一样，它的脚趾和侧身皮肤之间演化出了膜和皮瓣，展开时可以使它滑行很长一段距离——长约15米。因此它被称为"降落伞青蛙"。

左图｜自然选择使得一些物种能够适应它们的一些近亲无法生存的生态位，并大量繁衍。例如，血液中独特的氧结合蛋白允许抹香鲸在水下憋气长达90分钟。大多数壁虎，比如这只大壁虎（*Gekko gecko*）可以像被粘在墙壁和天花板上一样贴在上面。近年来，显微镜技术的进步解释了蜥蜴如何实现这一壮举。结果显示，它们的脚垫上有数以百万计的刚毛——微小的具有抹刀形尖端的毛发结构。刚毛尖端和垂直表面之间的大量接触面积使壁虎的脚具有巨大的黏合力。

右图｜棘蜥（*Moloch horridus*）——正如它的别名澳洲魔蜥——是地球上最奇怪的爬行生物之一。它像一只小型恐龙一样，如发条玩具一般出没于澳大利亚沙漠栖息地。它也是展示动物如何演化到得以在最恶劣的环境中生存的现存典范。水是沙漠中最珍贵的物品，而棘蜥有一种独特的技术：它可以有效地利用身体的任何部分作为吸管，通过全身的细小凹槽在几秒钟内将水分吸入口中。

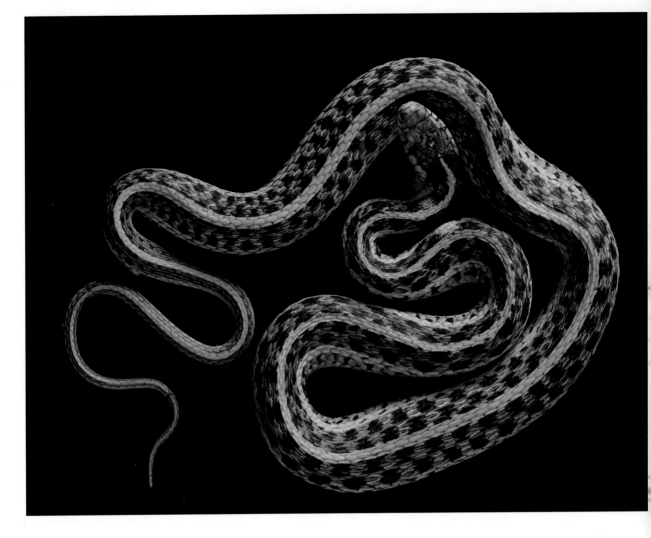

　　上图和右图│尽管在许多方面蛇拥有很高的多样性（迄今已知大约550属和3 500种），但蛇彼此之间十分相似。其多样性在捕猎方式方面登峰造极。比如，响尾蛇和眼镜蛇能够迅速用毒液杀死它们的猎物；而大蟒将身体缠绕在猎物周身，逐渐加力使其窒息——它的肌肉可以施加83千帕的压力，然后将其一口吞下。

　　第94—95页│此前科学上普遍认为所有蛇都来自一个有四肢的（可能是半水生的）蜥蜴祖先，并且它们的骨骼结构反映了一种"逆向演化"。这可能是由控制着肢体动物骨干中颈部、躯干、腰部、骶骨和尾部之间分化的同源异型基因[1]的简化或丢失导致的。但古生物学家最近发现同源异型基因在蛇椎骨中的表达和蜥蜴中一样复杂，并没有任何丢失或简化，这使蛇的演化路径再次变得扑朔迷离。

1.同源异型基因是生物体中一类专门调控生物形体的基因，一旦这些基因发生突变，就会使身体的一部分变形。——译者注

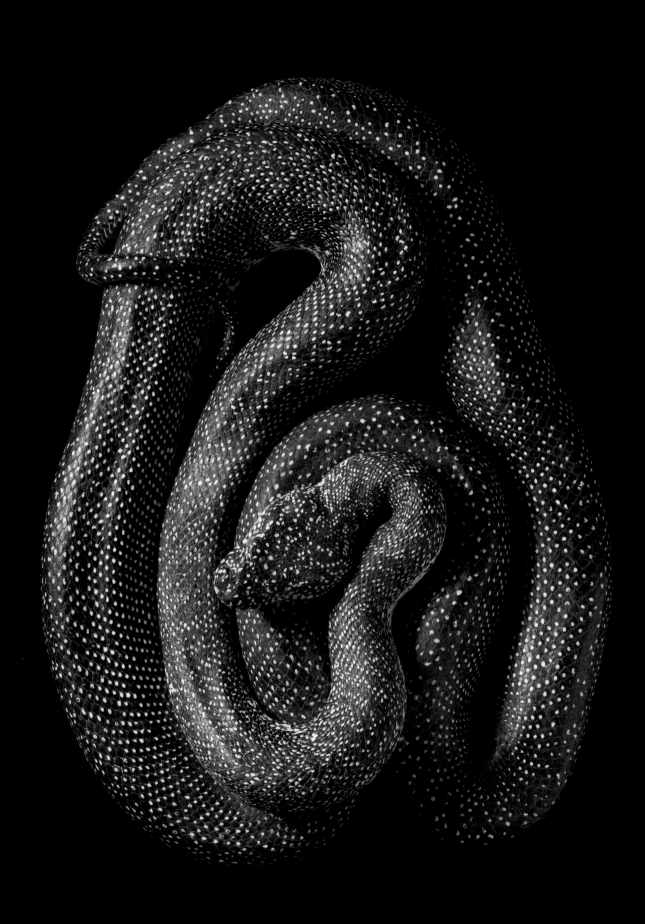

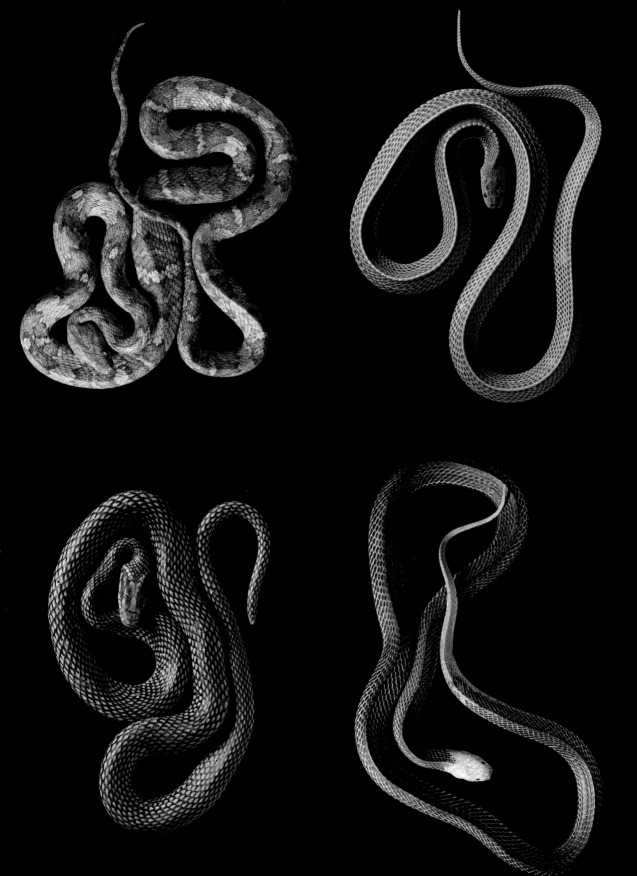

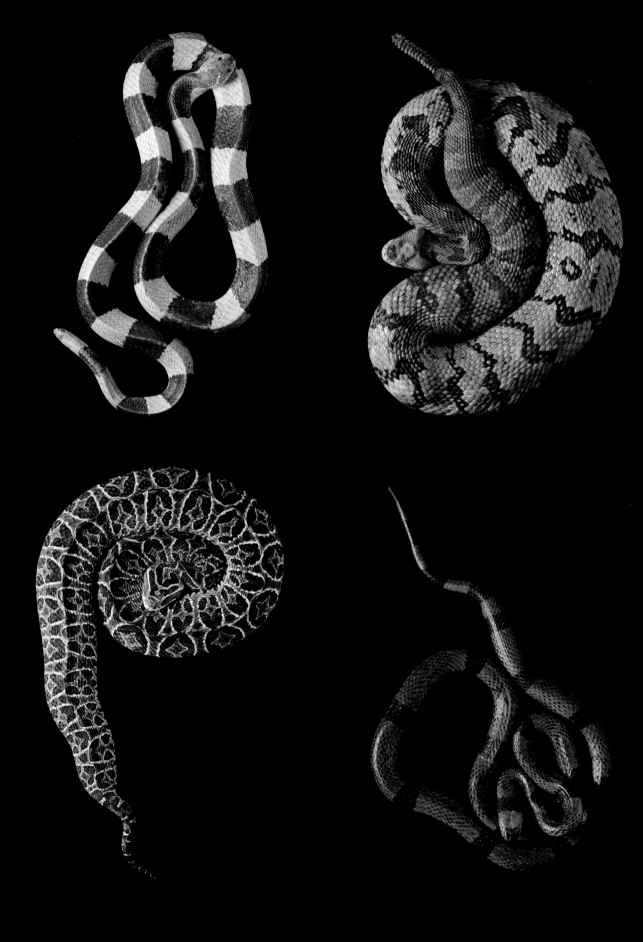

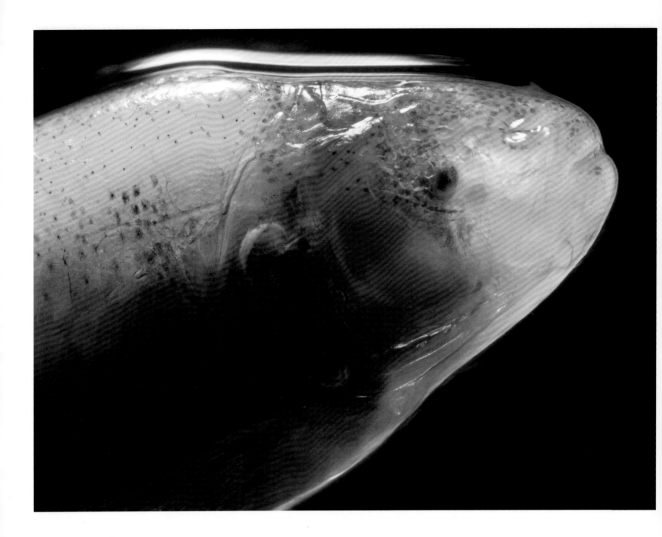

上图｜独特的墨西哥盲洞鱼（*Astyanax mexicanus*）在适应黑暗的洞穴生活的过程中，不仅失去了视力，还失去了眼睛，而它生活在地表的近亲却拥有完好的视力，这是如何做到的？研究人员在墨西哥盲洞鱼的近亲——视力良好的墨西哥丽脂鲤（尽管与盲洞鱼同属同种）中发现了"隐性"或"本来就存在"的遗传变异。这些变异在数代墨西哥丽脂鲤中都没有引起任何变化，但在一个鱼群迁移到不需要眼睛的黑暗洞穴里之后就开始"暴露"出来。这些"暴露"出来的遗传变异允许更大或者更小的眼睛出现在单个鱼里。然后自然选择开始起作用，选择了能耗更小的小眼睛鱼。最终的结果就是我们今天所见的失明的洞穴鱼。

右图｜气候变化、干旱和食源灭绝等自然过程都可以通过自然选择影响演化过程。近几个世纪以来，一个新的主要因素是人类活动，在某些情况下会影响其他物种的演化。比如最近一项研究表明，使用拖网进行密集捕捞可能造成了白带鱼（*Trichiurus lepturus*）种群的体形变小，使其个体大小远小于之前的同龄种群。（因为较小的鱼可以从网中逃脱。）这些变化对这个物种的生存的最终影响（如果有的话）仍不确定。

第98—99页｜鉴于它们的脆弱性和缺乏任何骨骼结构的特征，水母很少被保存在地质记录中也并不令人意外。因此最近在犹他州马俊（Marjum）组（可追溯到大约5.05亿年前的中寒武纪时期）发现的一些保存完好的标本就显得尤其珍贵。这些发现表明水母可能演化于7亿年前，这帮助阐明了包括珊瑚和其他水生无脊椎动物的刺胞动物门的起源。它们是已知的最早拥有真正器官的动物，也可能是第一批获得游泳能力而非仅仅顺水漂流的动物。

右图｜设计师总是向大自然寻求灵感。2006年，梅赛德斯–奔驰成为第一家基于鱼类设计制造汽车的公司。这种鱼还不是一条光滑的鱼，而是一种被称为粒突箱鲀（Ostracion cubicus）的方形咸水鱼。汽车设计师认为，箱鲀的形状和皮肤之下不寻常的刚性骨质甲壳能够使其减少阻力并有助于增强稳定性。然而在2015年，研究人员重新研究了这个问题，发现箱鲀的形状和奇怪的骨骼结构并没有实现这两个目标。相反，它的速度和灵活性取决于汽车上无法复制的东西：鱼鳍的协调运动。

上图｜鲨鱼皮的微观图像展示了演化发展的迷人之处。与大多数其他鱼类不同，鲨鱼没有气囊帮助它们浮在水里。相反，为了防止下沉，它们必须一直游泳，而这是一件十分耗能的事情。它们的皮肤演化后可减少阻力以在水中快速移动。这些微小的齿状结构被称为细齿，可能通过前进时在鲨鱼前面形成一个旋转的小旋涡来辅助推进。

右图｜每个物种都演化出了各自的繁殖生存机制。比如很多哺乳动物，一次只怀一到两只幼崽，但却会对其进行严密的保护。其他动物则采取不同的策略，比如刚生产了这些小鱼仔的鲑鱼（刚孵化出的鱼仍然依靠它们的卵黄囊生存）。一只雌性鲑鱼可以在临死前产下3.5万个卵。一旦小鱼仔孵化出来，这个物种将凭借数量上的绝对优势生存下去。

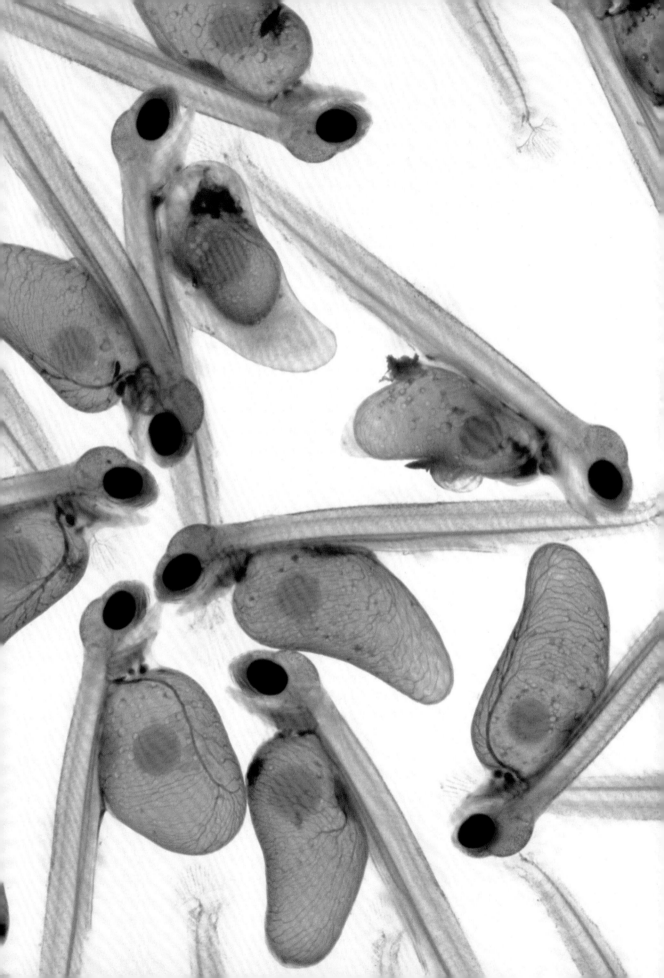

第四章

植物：演化盛开

　　虽然植物很少被列为最著名的演化实例，但是它们（特别是被子植物，也叫有花植物）的历史中充满了面对严酷的挑战而生存下来的例子。自从它们在大约4.5亿年前首次从水生环境迁移到陆地上以来，植物的传播能力——它们演化出的无与伦比的高效繁殖方式——一直是关于生物适应环境的伟大故事之一。

　　想一想授粉行为。与几乎所有其他的生命形式不同，单个的植物实际上没有能力通过移动来寻找配偶，但是在大多数植物中，传粉对于产生后代至关重要，就像直接的、一对一的受精对于动物来说那样重要。植物通过演化出一系列令人惊叹的技术（包括诱惑、欺骗和运输）来应对这一挑战。

　　这种方法也适用于成功授粉之后种子的传递：种子，如果分散在远离母本植物的地方，通常可以最好地确保一个物种的存活。与此同时，植物在充满了饥饿食草动物的世界中生存的其他策略——从模仿到复杂毒素的制造，同样令人大开眼界。

　　第104页｜兰花（兰科［Orchidaceae］）是非常大而且分布广泛的有花植物类群，到目前为止已有描述的兰花至少有2.5万种。考虑到有很多种兰花是在林冠层被发现的，而这种兜兰（*Paphiopedilum superbiens*，苏门答腊中部高地特有）的栖息地可以说是很不寻常了，因为它只生长在落叶中。

下图和第108—109页│最早的植物是在水中起源的，它们在大约4.5亿年前出现在了干旱的陆地上，时间大致与第一批登陆的动物相同。起初，很多陆生植物演化出孢子来繁殖自己，蕨类植物今天仍然如此。大约3.6亿年前，通过一系列突变，一类被称作裸子植物的植物开始产生两种类型的孢子：雄性孢子和雌性孢子，即精子和卵子。两者如果在被植物释放后接触到了一起就会受精。这是一次演化跃进的开始，与整个地球的植物多样性的爆发在时间上吻合，其中包含了被子植物（有花植物）的出现以及它们多种多样的种子和果实。

右图│当你看着一株现代的蕨类植物时，你看到的是一个古老的幸存者，它们从不时发生在这个星球上的大灭绝中，以及与有花植物（大约在1.2亿年前演化出来）的竞争中幸存下来。通过研究一些蕨类植物如何生存，研究人员提出了一种可能性：这些蕨类植物通过拥有一种蛋白质（被称为新色素）而获得了优势，这种蛋白质使得它们可以吸收并利用红色光谱的光，而不仅仅是有花植物吸收的蓝色光谱的光。奇怪的是（并且没有人知道这是怎么发生的）编码新色素分子的基因似乎不是蕨类植物自己演化出来的，而是不知如何从一种叫作角苔的植物中转移过去的。照片中这株蕨类植物的黑斑由它的孢子组成。

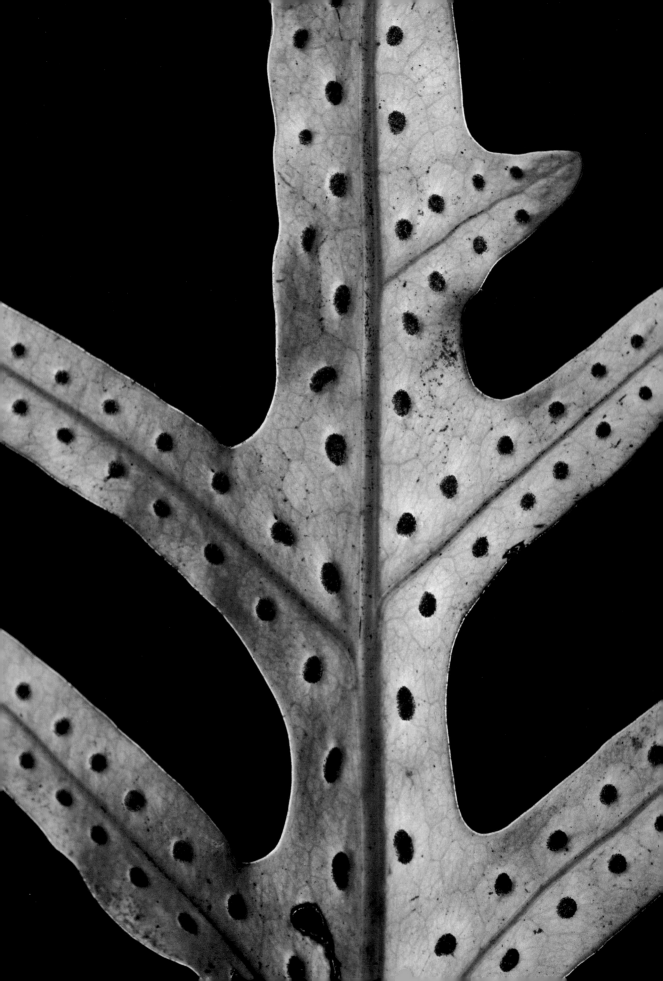

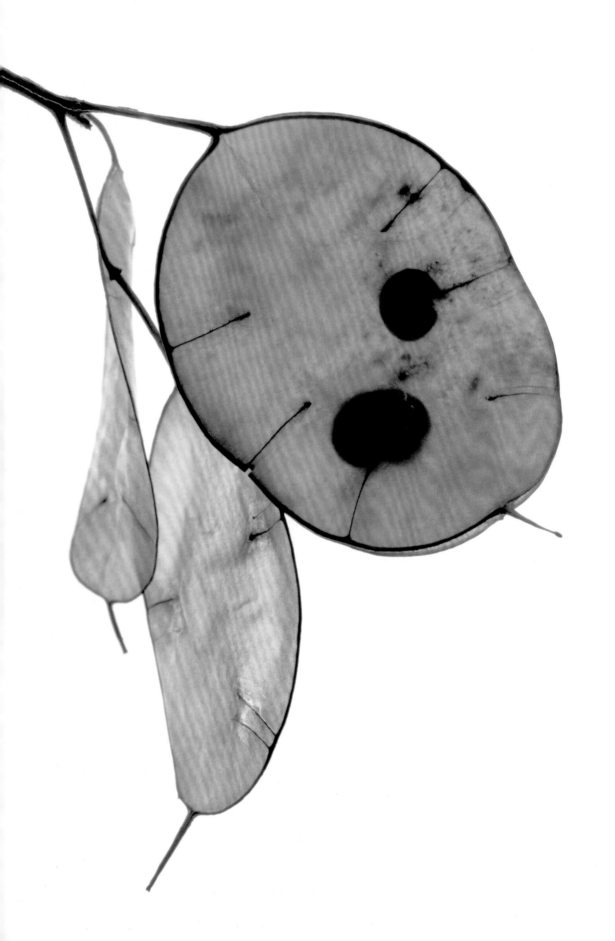

右图｜植物演化中的一个非常早期且成功的步骤是花粉的发育（在这朵垂死的花上就能看到花粉）。带有花粉的种子蕨的化石标本可以追溯到晚石炭纪（大约3亿年前）。花粉的演化赋予了植物巨大的生存优势：更原始的植物孢子需要通过水来传播，而花粉则可以被风携带，它的出现大大拓宽了植物可以分布的范围。

第112—113页｜有花植物和树木演化出了几乎无数种技术来帮助它们生存和繁殖。例如，一些兰花种子的重量仅为1克的一百二十万分之一，像尘埃一样在空气中长途旅行，然后寄居于热带树木的树冠上。还有，海椰子的种子重达18千克，可以毫发无损地漂过广袤无垠的海洋，然后在新海岸定居。

第114页｜来看看食肉植物维纳斯捕蝇草（*Dionaea muscipula*）吧。维纳斯捕蝇草原产于美国北卡罗来纳州和南卡罗来纳州的湿地，它是少数能用突然的动作捕捉猎物的食虫植物之一。如果这还不够令人印象深刻，研究人员最近又有了另一个惊人的发现：维纳斯捕蝇草会计数。除非触发毛在20秒内被触碰两次，否则打开的陷阱是不会关闭的。即使它关闭了，陷阱也不会立刻分泌它用来消化猎物的酶，直到它第3次被触发。除此之外，毛被触发的次数与释放的消化酶的量相对应。从头到尾，这都是一个令人难忘的演化适应的故事。

第115页｜一种茅膏菜（茅膏菜科［Droseraceae］），是分布在除南极洲以外各个大陆上的近200种食肉植物之一。像维纳斯捕蝇草一样，茅膏菜需要的营养比它生活的湿地栖息地的贫瘠土壤所能提供的要更多，因此这些植物已经演化出了一种创新的方式来增加它们的营养摄入。它们的叶子装备着触手状的腺体，这种腺体会产生一种又甜又黏的液体。当一只昆虫被看上去似乎很好吃的茅膏菜吸引过来，接触到其中一个触手时，茅膏菜的叶子就会弯曲，以困住这只昆虫。被困在黏液中的昆虫很快就会死于疲惫或窒息，并被茅膏菜分泌的酶所消化。

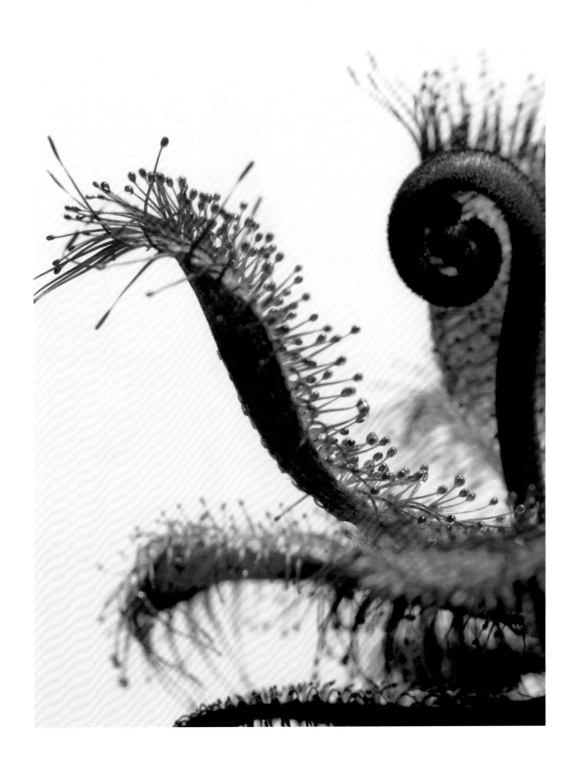

　　第116—117页｜章鱼兰（*Prosthechea cochleata*），一种分布在中、南美洲，甚至美国佛罗里达州南部的野外的兰花，因其形状独特、花期持久的花朵而被广泛栽培。在所有植物中，兰花的传粉者是最多样化的，包括许多鸟类、蜜蜂、黄蜂、蝴蝶和蛾子，甚至还有一种蟋蟀。一些兰花用于吸引传粉者的技术堪称演化史上的荣耀。例如，眉兰属（*Ophrys*），俗称"蜜蜂兰"或"苍蝇兰"，可以惟妙惟肖地模仿雌性蜜蜂（同时也散发出极具吸引力的气味），使得雄性蜜蜂在无效的交配尝试中为它们授粉。还有一个物种，分布在南美洲的花呈兜状的瓢唇兰（*Catasetum saccatum*，达尔文对它很感兴趣）。当昆虫接触到花的一部分时，它会将有黏性的花粉囊投掷到昆虫身上。

　　上图｜从这株萼距兰（*Disa uniflora*）中可以看到兰花的许多生存技术之一，萼距兰生活在南非桌山（Table Mountain）和附近寒冷、多风的高地上。萼距兰没有把它的花粉托付给微风，而是演化出了融合的雄性和雌性器官——花朵中心的白色柱子。因此，给它传粉的蝴蝶只需要拜访它一次就能让它结出可育的种子。萼距兰的品种繁多，深受标本采集者的欢迎。

　　右图｜许多兰花的分布范围很窄。例如，兜兰之王（*Paphiopedilum rothschildianum*，俗称"拖鞋兰王"）只生长在加里曼丹岛北部基纳巴卢山坡上的热带雨林中，海拔在500米到1 200米之间的地方。

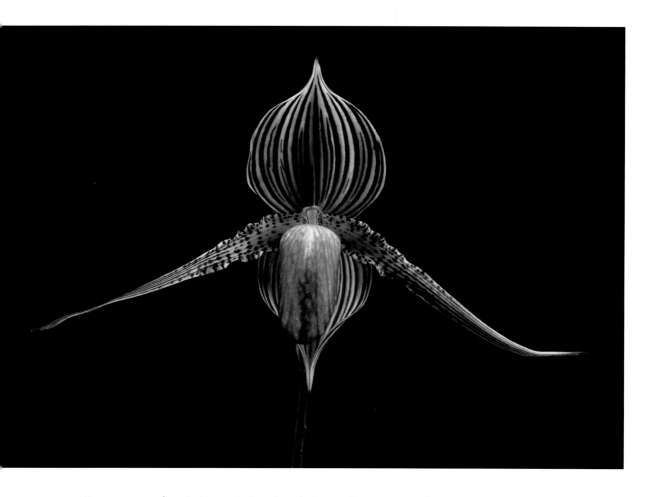

　　第120—121页｜"在我的一生中，我从未像对兰花那样对其他事物感兴趣。"查尔斯·达尔文在给他的朋友——植物学家约瑟夫·胡克的信中写道。达尔文与这些多样而广布的植物最著名的联系包括来自马达加斯加的大彗星兰（Angraecum sesquipedale，现在也被称为"达尔文兰"）。通过研究它，达尔文知道了这个物种只能被一种长着长长的喙的蛾子授粉，它的喙比地球上任何一种蛾子的喙都长。达尔文于1862年发表了一项预测，即肯定有这样一种蛾子存在于马达加斯加的某个地方，这一预测遭到了很多"专家"的嘲笑。（他那个时候肯定已经习惯于被嘲笑了。）直到1903年，也就是达尔文去世20多年后，标本采集者们才发现了他预测的那种飞蛾：非洲长喙天蛾（Xanthopan morganii），其亚种名最早被命名为praedicta（预测），以纪念那个预测了它的存在的伟大的人。

　　第122—123页｜泥盆纪（4.16亿年前—3.58亿年前）被称为鱼类时代，它确实见证了鱼类种群多样性的惊人增长——包括早期的鲨鱼和肉鳍鱼。肉鳍鱼是第一批在陆地上行走的四足动物的祖先。但是那个时候的植物和树木的演化同样引人注目，因为第一批森林开始在陆地上蔓延，同时蕨类植物、草、花和其他种子植物也出现了。种子及其演化并没有像那些更精彩的例子（无论是加拉帕戈斯地雀的喙还是兰花的授粉）一样受到那么多的关注。然而正如我们所知道的，在许多方面，地球表面上的生命依赖于植物在几乎每一寸曾经贫瘠的土地上定居的能力。如果种子，这种能够毫发无伤地传播到很远的地方（甚至在鸟类和其他动物的肠胃中）的坚固结构没有演化出来，这种强大的定居能力就永远不会发展出来。

第五章

昆虫：多种多样的适应性

如果在我们的生活中没有无处不在的昆虫，以及其他节肢动物，如蜘蛛，我们可能不得不等待很长时间，才会有人来解释"演化"。查尔斯·达尔文和阿尔弗雷德·拉塞尔·华莱士小时候都痴迷于大自然，而其中最常遇到的就是虫子。达尔文小时候更是出了名地喜欢甲虫，至少有一次，因为手里拿的满满的都是甲虫，以至于他试图用嘴带一只回家！

节肢动物，尤其是昆虫，在演化的故事中展示出的最生动的一面，不仅仅多种多样，而且神秘莫测。当科学家们已经对其他一些群体（哺乳动物、爬行动物等）中现有物种的数量有了粗略的了解的时候，没有人，甚至是知识最渊博的昆虫学家，真正知道大自然有多少种昆虫。

一些专家估计昆虫总共有令人难以置信的100万种那么多，而其他人则猜测实际数量很可能接近这个数字的30倍。毫无疑问，昆虫是地球上迄今为止分布最广泛和数量最多的演化实例，并且——显然，在尚未被发现的物种里和它们将告诉我们的故事里——也是最神秘的。

第124页｜据说，当被问到通过对地球上生命的研究可以对造物主进行什么样的推断时，英国著名科学家J.B.S.霍尔丹（J. B. S. Haldane, 1892—1964）回答："对甲虫过度偏心。"虽然这句话可能是后人杜撰的，但毫无疑问演化至少偏爱过昆虫，尤其是鞘翅目。鞘翅目昆虫现在大约有40万种。科学家对还没有被发现的甲虫物种数的估计差别很大，但即便是较保守的估计也能证明鞘翅目在演化上的成功。

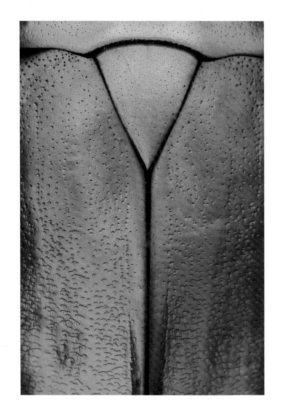

左图｜正如马达加斯加岛的日落蛾（第134—135页）一样，这种宝石圣甲虫（Chrysina属）运用结构性的彩虹色而非色素来创造其华丽的色调。其鞘翅的微观结构让光仅在光谱中的某段被反射，使得它闪烁绿色、蓝色或其他明亮的颜色。和颜色较为黯淡的埃及的神圣圣甲虫一样，宝石圣甲虫（原产于美洲）属于成员众多的金龟子科（Scarabaeidae），其中已命名的就超过3万种。

右图｜一个微小、脆弱的蝴蝶卵。依靠这种容易一口就被捕食者吃掉的、脆弱的载体生存，看起来似乎不是一条通往演化道路的成功路径。然而，蝴蝶和蛾子最早出现在侏罗纪，大概在1.9亿年前，并且一直兴盛到今天。没有人知道目前有多少物种存在，但估计范围从约18万种（蝴蝶有17 500种，其余的是蛾子）到高达50万种或更多。每个物种的每个新个体都始于一个类似这样的卵。

左图和上图｜蝴蝶的变态发育过程，毛毛虫从卵中孵化出来，变成蛹，再变成有翅膀的成虫，这个过程宛如奇迹。这一系列的转变曾经被认为是不可能的，以至于达尔文（在"小猎犬"号航行到智利时）遇到过因异端邪说而被捕的德国博物学家——仅仅因为他表示他养的毛毛虫可能会变成蝴蝶！这些奇形怪状的蛹来自原产于柬埔寨的鸟翼蝶。它们的颜色部分地反映了毛毛虫在开始变态发育之前所吃的叶子的种类。

第130—131页｜被描述过的蝴蝶物种仅有17 500种左右，但是蛾子——同属于鳞翅目（Lepidoptera）——却格外多种多样。在迄今为止被描述过的大约16万种蛾子中，大多数都很小，容易被忽视。但有些则恰恰相反，比如这只令人惊叹的乌柏大蚕蛾（Attacus atlas），它来自东南亚，并且遍及整个马来群岛，阿尔弗雷德·拉塞尔·华莱士在那里发现并记录了它。除了它庞大的尺寸，乌柏大蚕蛾还有一种特殊的技术可以把潜在的捕食者吓住：它舞动着黄色的上翼尖，再加上翅膀上蓝黑色的图案，看上去就像一只愤怒的眼镜蛇的头部。这相似性是如此地惊人，以至于在中国的一些地方，乌柏大蚕蛾被称为"蛇头蛾"。

第132页｜一只雌性翠叶红颈凤蝶（Trogonoptera brookiana）。华莱士于1855年记录了这一物种，并以詹姆斯·布鲁克（James Brooke）的名字将其命名。詹姆斯·布鲁克是一位性情古怪的英国探险家，曾在加里曼丹岛沙捞越州成为英国殖民地时任总督。还是那一年，在沙捞越州等待雨季结束的同时，华莱士撰写了论文《论控制新物种发生的规律》（On the Law which has Regulated the Introduction of New Species），这篇论文阐述了他的演化理论的开端。

第133页｜在美洲热带雨林中最引人注目的蝴蝶是"88蝶"或"数字翼蝶"，它们是属于以下3个属的华丽物种：涡蛱蝶属（Diaethria）、美蛱蝶属（Perisama）、图蛱蝶属（Callicore）。（这些照片展示了一个典型物种的前翅和后翅。）科学家们推测，它们充满了点和线的炫目的后翅图案，可能会惊吓并迷惑潜在的攻击者。这些蝴蝶的俗名有一个更简单的解释：在某些物种中，黑白色的后翅图案类似于数字8或0。

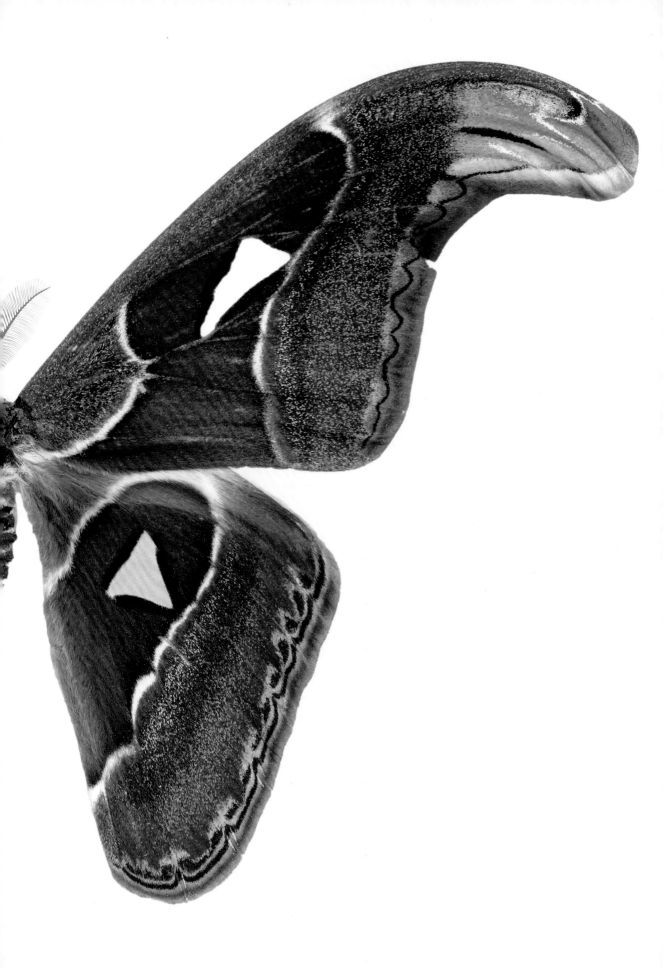

首次记录于1773年，这种马达加斯加特有的美丽的鳞翅目昆虫（左上图：背面；右上图：腹面；第135页：细节）最初被认为是一种凤蝶。然而，进一步的研究表明，它实际上是一种蛾子，属于分布广泛的燕蛾科（Uraniidae）。因为它庞大、显眼、在白天出没、会迁徙，这种马达加斯加日落蛾似乎是鸟类和其他捕食者的主要目标，但它有一个有效的防御：它是有毒的，其鲜艳的颜色不是邀请，而是警告。蛾子的彩虹色（以及许多其他昆虫和一些鸟类的彩虹色）不是来自色素，而是来自它翅膀里的微观结构。这些结构折射光线的方式使翅膀的表面闪烁着明亮的橙色、绿色或暗灰褐色，这取决于光线照射它的角度。

第136—137页 | 适应性演化的结果可能非常优雅。一个例子是：印度或马来枯叶蝶（Kallima paralekta）的保护色或伪装。（尽管俗名这样叫，但这个物种实际上是印度尼西亚的苏门答腊岛和爪哇岛的特有物种，阿尔弗雷德·拉塞尔·华莱士在那里遇到并写了很多关于它的论文。）雄性翅膀的上表面具有相对简单的蓝色和橙色的图案，但是当翅膀合上的时候，它就会突然变得像一片普通的棕色叶子一样。

上图｜导致雌雄嵌合性（一个个体同时具有雌性和雄性的性征）的基因突变，在整个自然界都有发生，出现在甲壳动物、鸟类和其他动物中。它在蝴蝶（例如这种特洛伊红颈凤蝶［*Trogonoptera trojana*］）中尤其明显，因为许多蝴蝶物种已经表现出性二态性——雌性和雄性之间的明显差异。这只鸟翼凤蝶长着一只明亮的"雄性"翅膀和一只黯淡的"雌性"翅膀。雌雄嵌合性在蝴蝶中的出现很久以前就被人记录过。作家和鳞翅目学家弗拉基米尔·纳博科夫（Vladimir Nabokov）曾在他的自传里回忆道，他小时候在俄国抓住过一只这样的蝴蝶；而最近在伦敦自然历史博物馆举办的2011年蝴蝶展上，也有一只雌雄嵌合的美凤蝶羽化了出来，并成为报纸的头条。

右图｜出于显而易见的原因——首先，它们没有任何骨头，整体比较脆弱，尤其是翅膀，蝴蝶和蛾子并不经常出现在化石记录中。于是直到最近专家们才达成一致意见，认为第一只蝴蝶出现在大约1.9亿年前的侏罗纪。这让我们可以想象一只蝴蝶停留在一只从《侏罗纪公园》里走出来的双脊龙（*Dilophosaurus*）或其他恐龙的鼻子上，就像今天很多蝴蝶停留在乌龟的鼻子上一样。这种燕尾蛾（*Lyssa zampa*）分布于中国、新加坡、加里曼丹岛和其他地方。

第140—141页｜这个世界上大约有550种凤蝶（如这种白条凤蝶［*Papilio lormieri*］，它们都属于凤蝶科［Papilionidae］），有一些我们最熟悉的蝴蝶就属于凤蝶。凤蝶大多数都大而华丽，甚至它们的毛毛虫都与其他蝴蝶不同：凤蝶的毛毛虫硕大，肉嘟嘟的，颜色鲜艳，在某些情况下还有巨大的眼点，可以吓跑捕食者。好像这还不够独特一样，每只凤蝶毛毛虫都配备了一个特殊的腺体，像一对鹿角一样，可以突然出现在头部后面并喷出有毒的液体。

第142—143页│和圣甲虫（第126页）一样，这两只巨型甲虫是金龟子科的成员，它们与其他4个物种共同组成了大王花金龟属（*Goliathus*）。这6个物种是世界上最大的甲虫之一，其中一种长度超过10厘米。它们都生活在非洲热带雨林，主要靠吃树的汁液和水果为生。

右图和第145页│一些甲虫。似乎最早的像甲虫一样的昆虫出现于大约3亿年前的石炭纪，尽管真正的甲虫直到大约2.2亿年前的三叠纪才开始出现。从那时到现在，它们已经演化得几乎可以生存于地球上的每种环境中，除了咸水和极地。

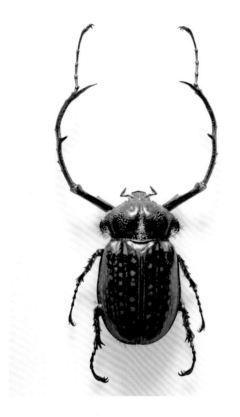

左图和右图 | 所有昆虫中最引人注目的是独角仙，它们属于分布广泛且数量众多的金龟子科。它们可以长得极大（按甲虫的标准），有些长达15厘米。虽然有可怕的"角"，但它们实际上是动作缓慢且温和的昆虫。它们通过夜行来躲避天敌，将自己隐藏于植被中，并且（某些物种）会摩擦它们的腹部与厚厚的翼壳而发出吱吱的响声。

上图｜甲虫们之所以能够拥有令人惊叹的多样性，是因为它们成功地填补了各种生态位，从干旱的沙漠到被水淹的雨林，甚至池塘和湖泊的表面之下。它们的饮食同样多种多样：虽然许多甲虫只吃植物，但一些甲虫（如动物标本制作者和博物馆用来清洁标本的皮蠹虫）则以肉食为主，还有一些甲虫（最著名的就是屎壳郎了）的饮食写在了它们的名字里。

左图｜芒果天牛（Batocera rubus）是通常十分华丽的天牛科（Cerambycidae）的成员，天牛科目前包括至少2.5万种甲虫。许多种类的天牛——特别是它们的幼虫——的摄食习性展现了由人类交通运输提供的更为便利的"旅行"条件下，适应性演化是如何使得这些甲虫变成了严重侵害水果和其他作物的害虫的。芒果天牛不仅吃芒果，还吃无花果、苹果和其他水果，同时，与其亲缘关系很近的光肩星天牛（Anoplophora glabripennis）的幼虫正威胁着北美洲和其他地区的所有森林。

　　第150—151页｜枯叶螳螂（枯叶螳属
［*Deroplatys*］，左图）和叶螩（叶螩科
［*Phylliidae*］，右图）作为两个例子，表明
颜色和形状——都可以通过伪装而有利于生
存——是如何在演化历史中被自然选择了无数
次的。叶螩（原产于南亚、东南亚和澳大利
亚）惟妙惟肖的拟态使它们几乎无形地隐藏
于树枝上或落叶中。

　　上图和右图｜竹节虫是竹节虫目（Phas-
matodea）的成员，与螳螂和蟑螂的亲缘关
系很近。超过2 500个物种占据了各种各样的
栖息地，但在热带和亚热带森林中达到了多
样性的顶峰。竹节虫是地球上最大的昆虫之
一，有些种类的长度超过30厘米。与它们的
螳螂亲戚不同，它们完全吃素，比如树叶。

右图 | 人们很容易将大蚊（crane fly）误认为是一只大得吓人的蚊子。然而，除了两者都是双翅目的昆虫之外，它们有着显著的不同。可能最重要的是大蚊（大蚊科 [Tipulidae]）不以人类或任何其他物种的血液为食。事实上，虽然它们的水生幼虫吃其他的小型无脊椎动物，但很多大蚊科物种的成体还没来得及进食就死了。和很多昆虫一样，大蚊的分类仍然是复杂混乱的，对物种数量的估计也是如此。目前已经得到确认的大蚊种类超过1.5万种。

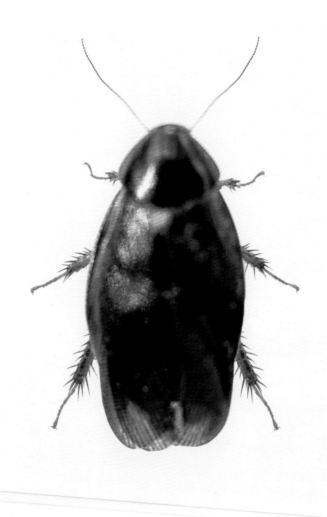

上图 | 在所有广泛分布的、适应性强的终极生存者里，蟑螂可能是昆虫里最为人所熟悉却又最令人厌恶的。它们的近亲在石炭纪遗址（约3.2亿年前）的化石层中被发现，而第一只真正的蟑螂出现在三叠纪的化石记录中。随着时间的推移，比如我们熟悉的美洲大蠊（*Periplaneta americana*），已经演化出以惊人的速度奔跑——短时间内达到每小时3千米——并且将身体压缩以通过仅有其身高1/3的裂缝的能力。（当然每个见过蟑螂在厨房地板上奔跑的人都知道这些。）

右图 | 像昆虫一样，蜘蛛（同为节肢动物门成员，但与其他节肢动物亲缘关系不近）具有漫长而复杂的演化史，可以追溯到3亿多年前。尤其令人着迷的是科学家们一直在努力解开毒液演化之谜，特别是其因物种而异的遗传基础之谜。甚至有些个别群体，如澳大利亚漏斗网蜘蛛或"黑寡妇"及其近亲，已经演化出十分复杂的混合毒液，科学家们仍在努力确认这些毒液的化学成分。

第六章

哺乳动物：交错的网

科学家们认同自然选择是推动地球上生命演化的力量的观点。然而不可避免地，演化过程的细节有很多不能确定的地方，尤其在这样一个科学家们用从扫描技术到DNA测序等强大工具进行着大量研究的时代，很多时候似乎新问题出现的速度至少和老问题被解决的速度一样快。

最近被重新提起的一个争论是关于演化的速率的。查尔斯·达尔文认为从已有物种演化出新物种需要漫长的时间，化石证据似乎也是这样显示的。另一方面，达尔文自己（以及任何熟悉狗、鸽子、花的育种的人）了解到，通过人为干预，人工选择可以在短短几代的时间里造成物种显著的性状变化，并且产生新的品种。

现在，科学家们发现快速演化在自然界中也是可能的，甚至可能频率很高。有两个例子：过去几十年出现的东部郊狼（直接祖先包括狼和狗），以及最近发现的灰熊和北极熊的杂交后代，这些后代是可育的。

什么构成了一个物种？我们还没有准确的答案。我们只知道关于演化的研究倒是不断演化的。

第158页｜尽管看起来十分不同，但所有的狗其实是同一个物种，拉丁名为 *Canis lupus familiaris* 或 *C. familiaris*。当人们对家犬（比如英国塞特犬）的起源百思不得其解时，科学家们还在努力解决一个由狗及其近亲带来的更深远的问题：什么构成了物种？正如美国东部人民所知道的在过去几十年里郊狼的入侵一样。但它们并不是真正的郊狼。DNA证据表明这些动物其实是西部郊狼（*C. latrans*）、狼（*C. lupus*）、狗的杂交后代。它们只是相互杂交了几代就可产生出可育后代，而这在之前被认为是同一物种内才有可能。很有可能这样的相互杂交产生了一个新的物种（东部郊狼），或者事实上只是一个物种的另一面，而这一物种包含了3个组成它的物种的DNA。

右图｜与狗和鸽子一样，人类育种者的人工选择使马（*Equus caballus*）产生了众多品系，从巨大的挽马到体态优美的阿拉伯马再到原产于苏格兰设得兰群岛的矮种马。尽管很矮，敦实的设得兰矮种马世世代代被用于驮泥炭、犁地，以及干其他重活儿，但它们究竟什么时候以及如何来到这个岛上的仍是个谜。可能它们是被北欧探险者或西班牙无敌舰队的水手带来的，也可能是几千年前最开始的设得兰居民把这些艰苦耐劳并且性情温顺的矮种马带来的。

第162页｜"我来实文然[1]的一个主要目的，"阿尔弗雷德·拉塞尔·华莱士在他的书《马来群岛》（*The Malay Archipelago*）里写道，"就是看看猩猩（加里曼丹岛的大类人猿）。"在他的这趟旅行中，他观察到了类人猿（当地人称"米亚斯"）是如何在树间移动的。他说："这是个独一无二的观察'米亚斯'悠闲地穿越丛林的有趣地点。它非常娴熟地走在树枝上，长臂短腿使它半直着身子。"在沙捞越州，华莱士不仅仅观察了这个雄壮的灵长类及其他当地动物，在一个漫长又孤独的雨季里他写下了《论控制新物种发生的规律》，这是他第一次提到演化和自然选择。

第163页｜大猩猩的手。尽管人类是两足动物，而大猩猩通常用四肢行走，但这两个物种的手比其他任何猿类都要相似，其中包括会使用工具的智人（*Homo sapiens*）的近亲黑猩猩。一项最近的研究显示，其中原因可能与大猩猩和人都用手（大猩猩的手呈杯状，人则可以攥紧拳头）来进行仪式性的攻击与袭击有关，而其他猿类并不这样做。因此这个相似的构造可能是一个平行演化的例子。

1.实文然（Simunjan）在马来西亚加里曼丹岛沙捞越州内。——译者注

左图｜很多时候，变化多端的演化路径是微妙且难以寻摸的，但在有些例子中却不是这样。比如有4种针鼹（针鼹科［Tachyglossidae］）生存在澳大利亚和新几内亚，和大名鼎鼎的鸭嘴兽一样，它们是世界上仅存的单孔类动物，也就是下蛋的哺乳类。可供科学家拼凑出单孔类动物演化步骤的化石难以寻觅，但是最古老的针鼹化石要追溯到1 700万年前的中新世。和如今现存物种类似，它们的头骨没有牙齿，而且身体骨骼适于挖掘，这意味着它们占据了类似于今天的食蚁兽的生态位。

第166页｜驴的胚胎展示了区分包括马和斑马在内的马科动物的许多独有特点。令人惊喜的是，科学家们最近发现了一个强有力的证据来解开马科演化的谜团：一段70万年前的小马腿骨在加拿大育空地区的冷冻苔原被发现了。骨头极佳的状态使得科学家们可以绘制古代马的全基因组。（它仍然是迄今为止被测序的最古老的DNA。）从这个科学宝库中科学家们发现，马、驴和斑马是在400万到450万年前从同一个祖先演化来的，而此前的估算是200万年。

第167页｜裸鼹鼠（*Heterocephalus glaber*）是地球上两种真社会性（eusocial）的哺乳动物之一，另一种是达马拉兰鼹鼠。（真社会性的意思是它们生活在一个蜂巢一样的社群或群体里，像蚂蚁和蜜蜂一样。）研究人员发现了鼹鼠另一个不同于其他哺乳动物之处：有个遗传突变使它们能够产生阻止细胞形成肿瘤的糖类。至少，这个是鼹鼠可以活三十多年，而绝大多数啮齿类只能活几年，并且鼹鼠在它们漫长的生命里很少显露衰老的迹象的部分原因。很久以前，在20世纪80年代发现裸鼹鼠的真社会性之前，查尔斯·达尔文曾经百思不得其解自然选择如何在一个只有一个蜂后繁殖的群体中产生作用的。他恰当地总结说：演化过程应该发生在家族或蜂巢之间，而不是在一个群体之内。

上图和右图｜牛科动物的演化是一个复杂的话题。牛科是一个大的分布广泛的偶蹄类反刍哺乳动物，包括了非洲水牛、小羚羊、绵羊、山羊、家牛。目前专家对角（比如上图赤羊和右图印度黑羚的角）的历史都还不甚清楚，他们意见的分歧主要在于为什么在有的物种中只有雄性才有角，而另一些物种中雌雄都有。一种理论是，因为有领地意识的物种的雌性通常有角，而无领地意识的物种的雌性则没有，所以前者演化出角可能是出于防御目的。相反地，对于无领地意识的物种的雌性（不囿于某一特定地点，因而可以依靠拟态来躲避捕食者），类似的突变无法提供任何的选择优势，所以就没有存续下来。

第170—171页｜阿尔弗雷德·拉塞尔·华莱士以前经常看到的有鬃毛、双角的苏门答腊犀牛（*Dicerorhinus sumatrensis*），如今是世界上最濒危的哺乳动物之一。它还展示了地理隔离如何导致新物种的产生。当海平面低的时候，犀牛祖先从非洲和亚洲大陆东渡，有些抵达后来成为苏门答腊岛和爪哇岛的地方。当海平面上升的时候这些动物就被隔离开了，并且最终演化成了独一无二的物种延存至今。

左图｜在从未停歇的自然选择作用下，最早期的原始哺乳动物（比如一种生活在三叠纪晚期的类似鼩鼱的卵生哺乳动物）演化出了我们今天看到的奇妙非凡的多样性。人类的手拥有对生拇指、相对较短的手指及又宽又平的手掌（不再需要协助运动）。这样的手十分适合抓握，进行各种各样的精确工作，并且可以攥成一个拳头来投掷、威胁或打一拳。

右图｜鲸和人类的最后一个共同祖先生活在大约6600万年前那个结束了白垩纪晚期的大灭绝事件之后不久。然而一些骨骼特征仍然显示出了同源的相似性，比如鲸后肢化石显示这两类动物都有"脚趾"。在现代鲸中，小小的后肢藏在肉体中，而"手"则演化成了强大的鳍状肢，使其无可匹敌地适应海洋环境。

第174—175页｜每个人都知道家猫的眼睛有垂直的狭缝状瞳孔，而人类和大多数其他动物的瞳孔都是圆的。最近的一项研究发现了狭缝瞳孔和夜间伏击捕食的物种——比如小型猫科动物——之间的联系。研究人员认为这样的瞳孔可以清楚地看到离特定物体（如猎物）的距离，同时令更大的全景视图失焦。这为猫在弱光条件下准确计划其突然袭击提供了选择优势。追捕猎物且昼夜都活跃的捕食者（比如狮子和其他大型猫科动物）更可能拥有圆形瞳孔。

上图和右图｜当演化通过自然选择发生时，如果突变能帮助个体，并且最终使这个物种存活下来，突变就是有利的。同样的规则在人工选择或驯养中则不必遵守。育种者（兰花、鱼、鸽子或狗）是根据自己的目的，而不是个体在自然界中的生存能力来选择性状的。英国斗牛犬的体格和头骨证明了这一点，也说明了为什么这个品种被各种呼吸、心脏、骨骼和其他健康问题所困扰。

第176—177页｜虽然人工选择使育种者能够培育出的家犬的多样性使人瞠目结舌，但是科学家们仍不知道它们起源于何时何地。人们普遍认为狗是灰狼的后代，但专家最近对物种分化时间的估计从1.1万年前到4万年前都有。此外，新数据（包括对一只3.5万年前的狼的全基因组测序）显示狗的遗传物质不止来源于欧洲灰狼，还有已经灭绝的亚洲泰梅尔狼（Taymyr wolf）。

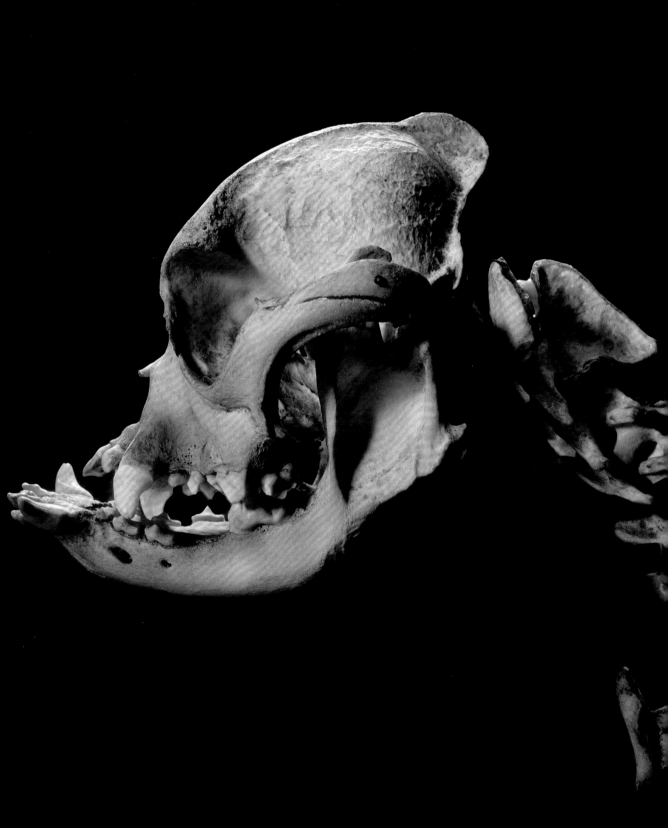

第180—183页│根据典型演化的时间尺度，大多数狗的品种的出现几乎是在转瞬之间。可如果按照人类历史的标准，实际上很多品种是古老的，这证明了人类和犬科动物之间的关系悠久而紧密。比如，寻血猎犬（第182页）来自一千多年前在欧洲培育的猎犬；和现代大丹犬（上图）非常类似的大型猎猪犬是古希腊时培育的；阿富汗猎犬（右图）的历史虽然还不太清楚，但在阿富汗及周边地区也有上百年的历史了。比熊犬（第183页）和其他犬种不同，它是为了陪伴皇室而被培育出来的，其历史可以追溯到13世纪。

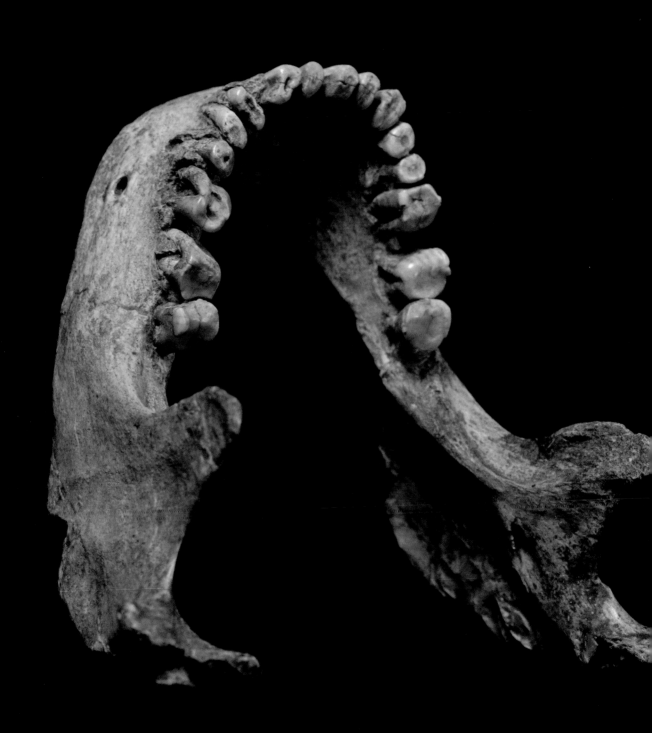

第七章

人类的起源

仅仅一个世纪之前，诸如"人类和现代猿类有共同的祖先"以及"最早的人类起源于非洲"这样的概念还会引起无尽的争论。然而今天，几乎所有人都认同这段既定的历史。不过，似乎每年都有新的化石证据或实验室分析，将关于我们自身起源的确凿理论中的细节推翻。

大量的研究与新的研究工具正将关于人类起源的研究推向不可预测的方向。比如，对物种的整个基因组的测序使科学家不仅可以确定尼安德特人（*Homo neanderthalensis*）——已经灭绝的人类亲属，他们要么是智人的近缘物种，要么是智人的亚种——与人类共存了数千年，并且还与人类杂交。（除了来自非洲的原住民，地球上所有人的基因组都携带有少量的尼安德特人的DNA。）类似的，当一块新的化石被发现时，科学家们既可以准确地确定年代，又可以更深入地了解它与早期化石之间的关系。

无论是向后看还是向前看，我们对地球生命进程的理解永远都在变化之中。但是华莱士和达尔文对演化机制的卓越解释仍是每一个发现的核心。

第184页｜尼安德特人下巴的一部分。尼安德特人提醒我们，对人类起源的研究本身就是不断演化的科学：从19世纪前半叶发现尼安德特人的化石起，他们就被认为是人类的祖先、智人的亚种，并且（现在被认为）是与我们共存的——且显然与我们杂交的——近亲。

右图｜人类心脏。和其他温血动物一样，人类的心脏有4个腔室：两个心房和两个心室，以确保泵进身体的含氧血液以及释放完氧气流回肺部的血液不会混在一起。这个机制可能是为了支持温血动物对能量的巨大需求。

相反，冷血的两栖动物的腔室有3个，只有一个心室（意味着含氧的血液并不在全身流通）。乌龟则介于两者之间，它们唯一的心室含有一个部分发育的隔板，仅有将二者分开的雏形。证据表明，一种在温血和冷血动物的血液中都有的蛋白，在发育早期表达的浓度和位置的不同，控制着第二个心室在人类和其他温血动物中的形成。

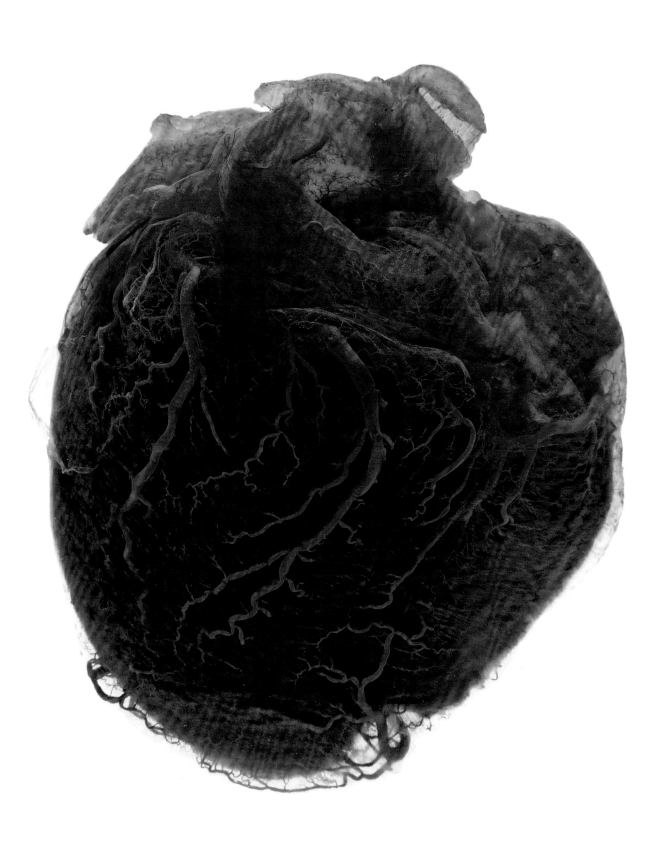

　　下图｜即便经过了几个世纪的研究，人类大脑及其演化仍旧是研究的焦点。即便早期人类祖先的大脑不像别的物种的软组织一样被保存在了化石记录里，头骨化石和（罕见的）头骨内部自然分层使得科学家得以估计，在过去700万年的演化中，人类大脑的体积增大至最初的3倍，而过去200万年里发生在智人属中的增长尤其剧烈。举个例子，190万年前的能人（*Homo habilis*）的化石表明，体积的增大主要发生在相当于前额叶的一个布罗卡区（Broca's area），而此区域和语言的发展密切相关。

　　右图｜被染色的现代人大脑的一部分。脑的大小随时间的增长可以通过脑壳容量来估测。分析表明，早期原始人类如阿法南方古猿（*Australopithecus afarensi*s）的头骨容量在400毫升到550毫升之间，能人有大概600毫升，而现代大猩猩的头骨容量则更大，可达750毫升。然而从很早期开始，智人（现代人类）的头骨容量就被估计有1 200毫升或者更大，尤其是大脑体积的显著增加，被认为和高级认知功能如语言和解决问题的能力有着十分紧密的联系。

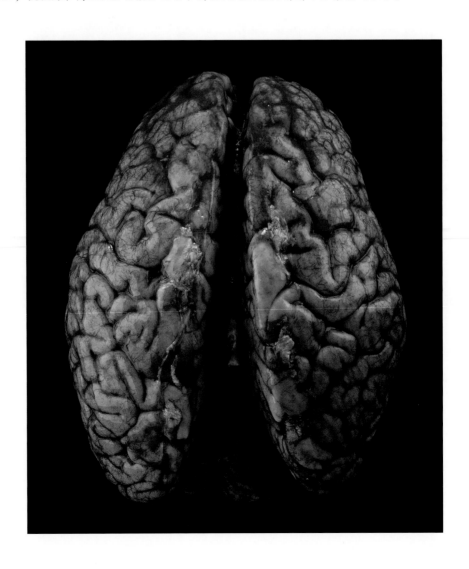

右图｜没什么比DNA的研究更深刻地变革了物种的分类。整个基因组（一个生物的全部遗传信息）的绘制已经在上百个物种中完成了，从海绵动物到海葵再到鸟和哺乳动物，这在一些情况下厘清了我们对物种关系的认识，可有时也让人更加疑惑。例如对演化论的发展极其关键的达尔文雀的遗传组成的研究，显示这些鼎鼎有名的鸟并不完全是雀，另外有些甚至属于不同的物种。詹姆斯·沃森（James Watson）和弗朗西斯·克里克（Francis Crick）创造的原始模型展示了DNA的双螺旋结构。

第192—193页｜自从一个隐藏在启星洞（Rising Star Cave，南非世界人类摇篮遗址的一部分）中的洞室于2013年被发现以来，已经挖掘出了至少1 500块来自此前并不为人所知的纳莱迪人（Homo naledi）的骨头了。这个藏有骨头的洞穴处于极其严密的保护当中——只能通过一个最窄处仅18厘米宽的通道进入。因此，参与启星远征（the Rising Star Expedition）的科学家（六位被称为"地下宇航员"的女性）有部分原因是根据身材被选中的。

第194页｜一个来自南非的早期人类祖先南方古猿源泉种（Australopithecus sediba）（约200万年前）的头骨。南方古猿属最早的化石样品——非洲南方古猿——于1924年在同一位置被发现，而在其后的几十年的时间里，几个近缘物种的化石也被挖掘出来。这些化石一起描绘出了一幅最早从400万年前开始的意义重大的人科的演化图景，为我们自己所在的智人属的出现奠定了基础。

第195页｜在南非启星洞中发现的纳莱迪人的骨骼残骸的一部分。和很多化石的发现不同，这些化石是如此的众多且保存完好（1 500块以上的样品足以重新构建至少15副骨骼了），因此能够提供足够的研究资料，让古人类学家和其他科学家们忙上许多年。"从这些骨骼化石的特点来看，"带领挖掘、描述且命名纳莱迪人的李·伯杰（Lee Berger）说，"纳莱迪人很可能就是人属中最早的成员之一。"

第196—197页｜来自启星洞的纳莱迪人的骨头。在洞穴入口存在的如此大量的化石让人不禁疑惑，他们是如何到达那里的？没有别的古老的哺乳动物祖先的化石在同一地点被发现，也没有证据表明这些骨骼残骸是被水流冲到那里的。（事实上很多小块的骨头仍大致在身体的自然位置左右。）一个理论是纳莱迪人在践行某种形式的祭祀，这些人是在死之前或刚死的时候被运送到洞里的。

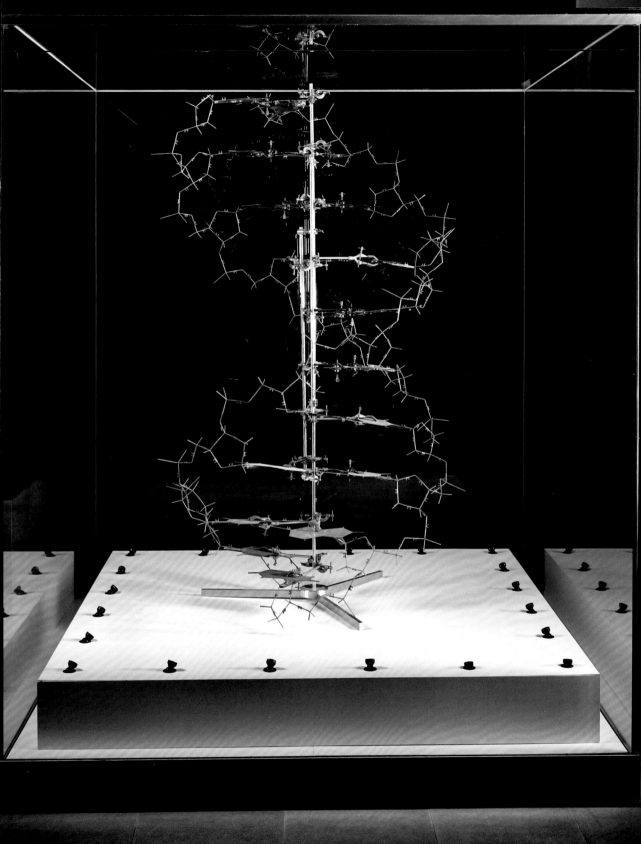

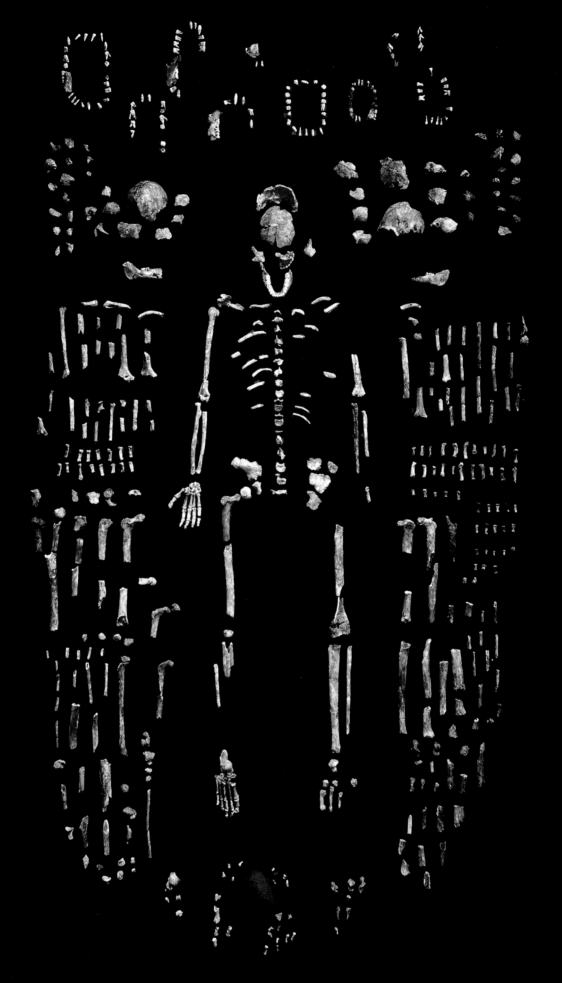

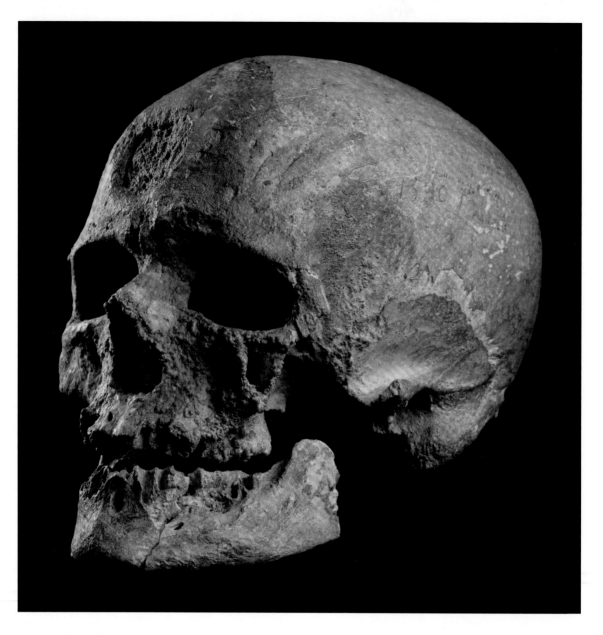

上图│一些古代智人的标本（包括上面展示的这个头骨）最开始的时候被称为"克罗马农人"（Cro-Magnon），这是根据1868年法国的一个被发掘出骨骼的岩屋命名的。今天，更多的标本在意大利、罗马尼亚及欧洲的其他地方被发现，并被统称为"早期现代人类"（Early Modern Human，简称EMH）。有证据表明他们用石头制成武器，用颜料和贝壳打扮自己，并且很可能创作了令人惊叹的洞穴壁画——这些壁画是所有远古遗迹中最有名却最难以保存的。

右图│尼安德特人的脚，看上去和我们的很相似。智人和尼安德特人的DNA有99%的相似性。

　　两个同属人属的近缘物种的头骨：尼安德特人（右上图），约4万年前灭绝；智人属内唯一现存物种，智人（右下图）。没有人准确地知道为什么尼安德特人灭绝了，但可能的原因有：气候变化更严重地影响了他们而非早期智人；通过杂交逐渐地融入智人；由人类造成的消失，要么逐渐在资源争夺中败下阵来，要么在激烈的冲突中快速灭亡。

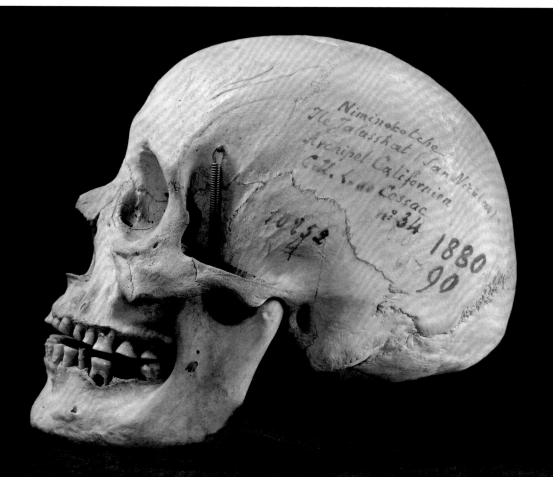

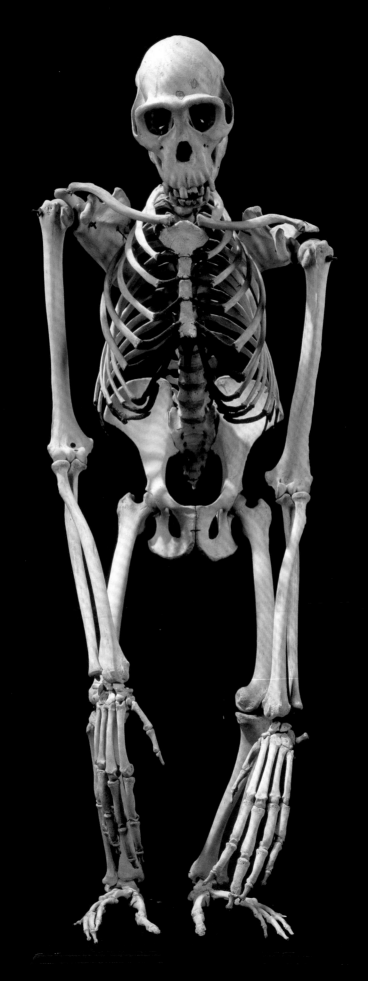

左图｜这个猩猩（猩猩属）的骨骼既展现了和人类及其他类人猿骨骼结构的相似性，也显示出不同之处。这个猩猩呈蹲状的双腿和长长的胳膊、手指、脚趾，是为树栖生活中自如移动设计的。（这些物种既可以用四肢在树枝之间移动，也可以伸直四肢在粗些的树干上匍匐前进。）正如人类一样，猩猩的拇指可以与其他四指相对，它们的大脚趾也可以这样，方便抓握。

第203—205页｜在所有早期人类遗迹当中最能令人产生共鸣的非留下的脚印莫属了。这里是著名的恩戈罗恩戈罗火山口（Ngorongoro Crater）附近的恩盖吉谢罗村遗址（Engare Sero site）。我们只能猜测我们的祖先走过这片火山、走进历史时的目的。这350个被保存下来的足迹告诉我们有两伙人在12万年前从这片湿火山灰中走过。一伙向西走，由18个人组成——男人、女人、孩子，所有人都在一起。另一伙向东走，可能由一个个单独的旅客组成，他们走向或跑向一个我们永远都不会知道的目的地。

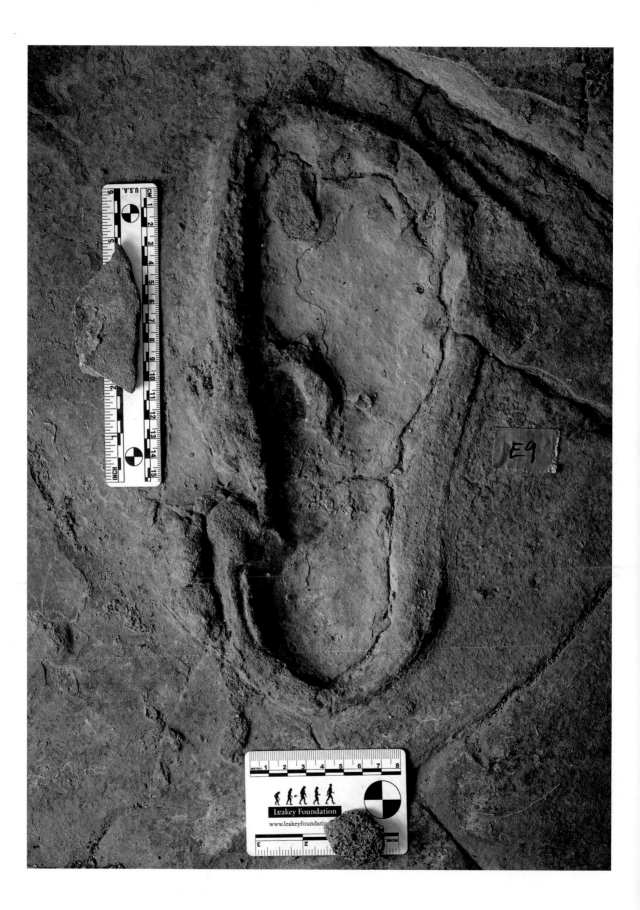

第206—207页｜在几百万年的时间里，随着人类的演化，折磨着我们的病原体也一同演化着。这两个人（俄罗斯囚犯）忍受着具有多种抗药性的结核病——一种由结核分枝杆菌（*Mycobacterium tuberculosis*）导致的疾病——的折磨。传染病专家追踪到的最早的结核病菌来自4万年前，这意味着人类在从非洲迁移至其他大洲的时候就受此病菌影响了。但这种疾病的演化对现在有着十分现实的影响：正如许多其他细菌，仅仅几十年结核分枝杆菌就演化出了抵抗各种之前可以有效消灭它们的抗生素的能力——这意味着科学家们必须研发新药，而这又将导致细菌更进一步的演化。这是一场丝毫不可倦怠的演化上的"军备竞赛"。

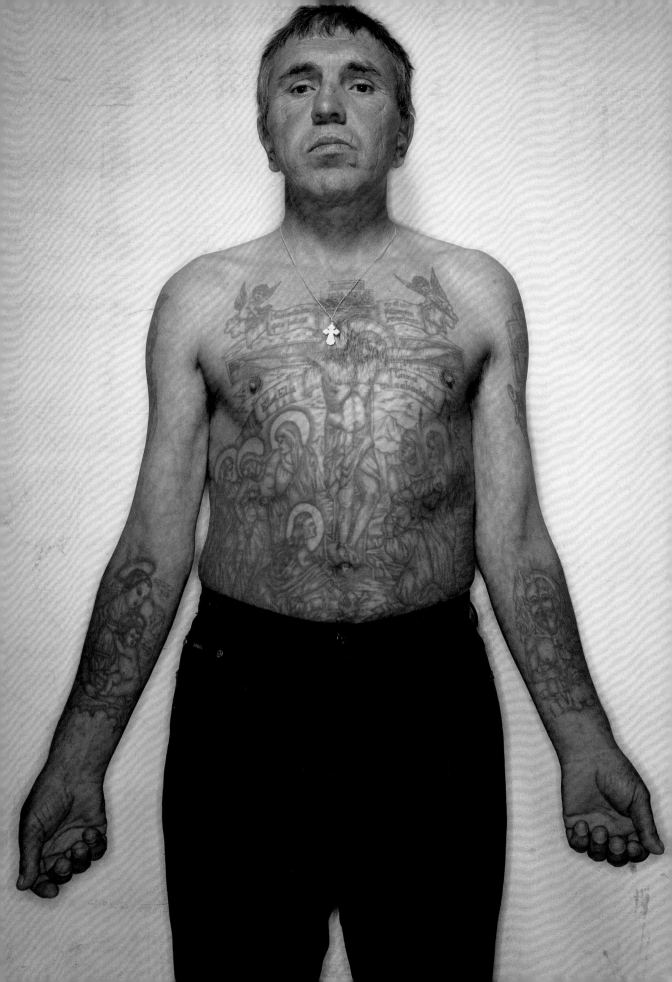

第208—209页｜自然选择的证据就在这些小小的人类身上：深的肤色、瞳色、发色很有可能在热的、阳光充沛的区域被选择，比如东非——人类的诞生之地。一旦人类迁移至其他更加阴冷的区域，这些特征就不再被青睐了，于是其他的色调开始存在。一些科学家猜测"人的选择"（例如，金发碧眼的人彼此之间更有吸引力）也有可能是造成我们今天见到的发色、肤色、瞳色多样性的原因。

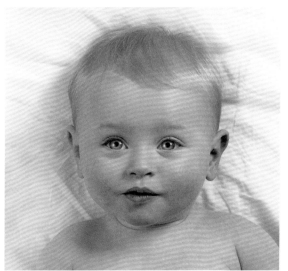

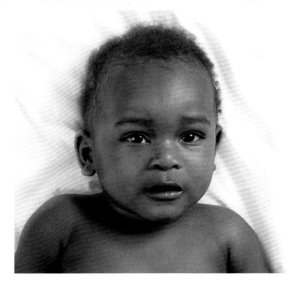

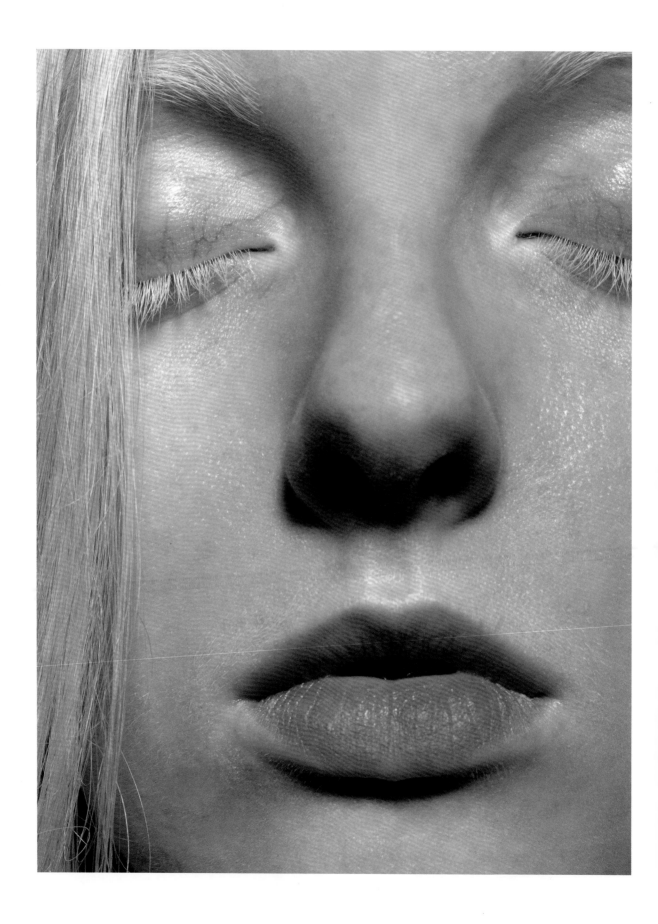

左图｜基因一直处在不断地随机地突变当中，绝大多数的微小变化对个人或人类生存并无影响，甚至不会被注意到。但白化病是一种为我们所熟知的遗传现象，它已被证明是由多种不同的控制着皮肤、头发和（或）眼睛中黑色素产生的基因突变造成的。目前为止，还没有医学方法阻止白化病，但大多数有这种症状的人都在精心地关照下健康地生活着。

下图｜自然选择究竟有多少产生如人眼一样精巧复杂的事物的可能性，同样困扰着查尔斯·达尔文，正如他有一次写给朋友的信中写道，使他"一阵冷颤"。挑战在于达尔文所处的时代，人眼形成的中间的演化步骤是未知的，至少并不清楚。但是达尔文在他对眼睛的观点上从未动摇——正如地球上其他任何事情，都是从达尔文所描述的理论过程中演化而来的。并且今天，在分子或者其他层面上，科学家正在解开（人类或者其他的物种）眼睛的谜题，一次次地证明着达尔文坚持他的理论是正确的。

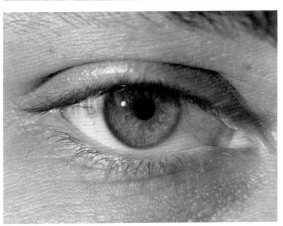
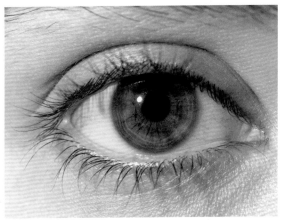

第八章

演化的演化

有时人们感觉关于演化的研究永远在向后看。这很容易理解：化石记录，尽管不完整，却对过去存在的事物提供了一个引人入胜的记载；它是一个窗口，让我们看到地球上的生命如何起源，通过突变和自然选择而演化；它也是一个视角，显示了令人惊异的大规模物种灭绝是如何定期"清扫"地球的。

这种大规模的物种灭绝事件，随着新物种填满了空出来的生态位而带来的生物多样性的爆发，在塑造生命历史方面发挥了巨大作用。例如，在二叠纪末期有超过90%的物种消失了，而无数的其他物种，包括非鸟类恐龙，在白垩纪末期消失。（在最近的灭绝事件之后，现代狗、猫、鲸、骆驼、犀牛和其他许多动物，包括人类的祖先出现了。）

如今，通过研究正在发生的演化，科学家们希望能够深入了解可能出现的新的大规模的物种灭绝事件——很多人认为现在正在发生地质历史上的第六次大灭绝。更深层次的了解可以让我们预测它的一些影响，帮助我们了解接下来可能发生的事情，以及我们自己是否会成为物种灭绝的见证者，或者受害者。

左图｜演化的过程是一个不断展现的奇迹，既能激发人们细致的研究，又能引起大家的惊奇。正如在每次周期性殃及地球上的动植物的大规模灭绝之后，除非有全球性的灾难（导致所有生物灭绝），否则演化将继续延伸到无法想象的未来。但是像红耳长尾猴（*Cercopithecus erythrotis*）或者智人这样脆弱的物种，能够见证这一切吗？

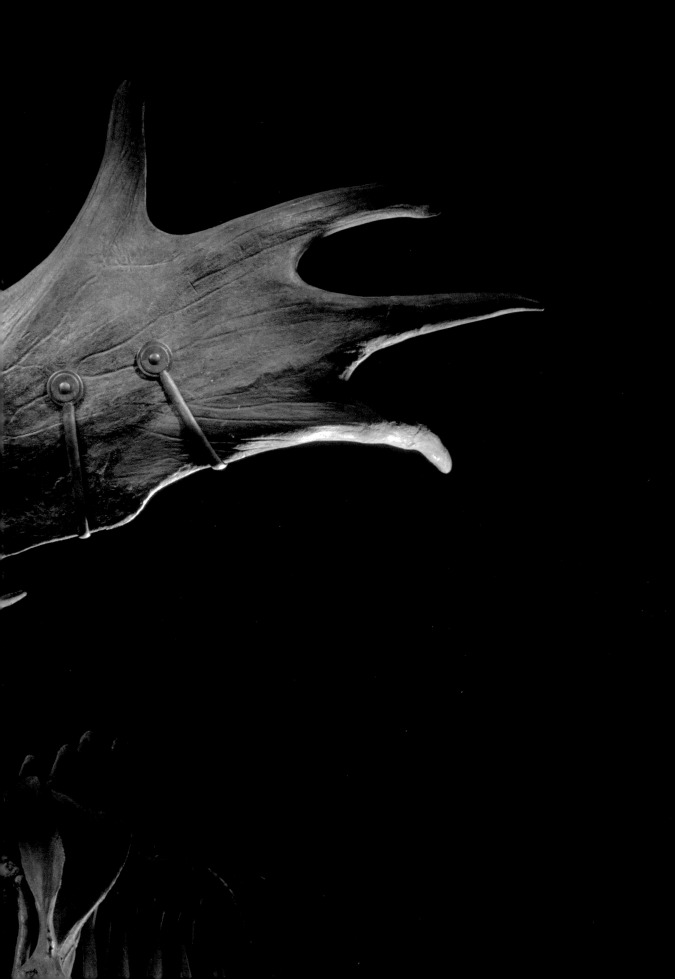

第214—215页 | 从1909年开始，科学家和标本制作人员便承担了艰巨的任务，在美国自然历史博物馆的非洲哺乳动物大厅中搭建了这个雄伟的大象模型和其他生动的立体模型。即便在那时，一些人已经发出警告：大象以及许多其他发现于非洲大陆的物种都面临着灭绝的严重威胁。如今，威胁有增无减，尤其是象牙、野味贸易、人口增长以及栖息地的破坏，已经使大象和其他野生动物的数量减少到一个世纪以前的一小部分。

第216—217页 | 雄伟的已灭绝的爱尔兰麋鹿（*Megaloceros giganteus*）。它之所以被命名为"爱尔兰麋鹿"是因为几具最著名的标本是在爱尔兰的泥炭沼泽中发现的。这种巨鹿在更新世时期遍布整个欧洲、亚洲的部分地区和非洲北部。由于爱尔兰麋鹿如此巨大并且生活在欧洲，因此它是18世纪关于"是否有任何物种曾经灭绝过"的科学争论的中心。这个物种的命名者托马斯·莫利纽克斯（Thomas Molyneux）持否定观点："自从被创造出来，从来没有一个生物物种彻底灭绝，以至于完全从世界上消失，这是很多博物学家的观点。"但是查尔斯·达尔文和其他人好奇的是：如果爱尔兰麋鹿真的还活着，它们在哪儿？（如果现在有一只身高2米、长着3.6米宽的鹿角的鹿，那么它应该是很不容易隐藏的。）

右图 | 当朝圣者在美国的新英格兰地区定居时，他们发现了大量的新英格兰黑琴鸡（*Tympanuchus cupido cupido*），一种巨大的鸟类，现在被认为是生活在美国中西部和西部的北美松鸡的一个亚种。在18世纪末，新英格兰黑琴鸡获得了一个让人看不起的名字——"穷人的食物"，据说佣人们会与主人谈判，要求每周吃新英格兰黑琴鸡的次数不超过两三次。然而，正如无数次发生在其他被人类认为可口的动物身上的那样，到了19世纪中叶，"穷人的食物"变得罕见。最后一批新英格兰黑琴鸡仅存于玛莎葡萄园岛，苟延残喘了几十年后，最后一只新英格兰黑琴鸡"旺本"（Booming Ben）死于1932年。

左图丨很少有比旅鸽的灭绝更震撼人心的故事了。旅鸽曾经被认为是北美洲数量最多的鸟类，数量一度达到50亿只，一群旅鸽飞过可以使天空变暗几个小时。但是整个19世纪，旅鸽都在被当作食物和狩猎对象遭到无情的追捕，特别是在它们的筑巢区域。伴随着森林砍伐和其他因素，这种冲击导致这个物种以惊人的速度灭绝。在1914年最后一只幸存的旅鸽"玛莎"去世以后，这个令人惊叹的鸽群就只剩下图里这样的博物馆标本了。

第220—221页丨大海雀（*Pinguinus impennis*）是可以在世界各地看到的两种现象的典型代表：（1）岛屿是地球上许多最奇怪和最极端的植物和动物的家园；（2）这些物种已经以及正在以惊人的速度灭绝。大海雀高76厘米，不会飞，不警觉，长得像企鹅，是生活在北大西洋海岛上的海鹦的近亲。它们数万年前就开始被人类作为食物——在尼安德特人的堆积[1]里发现过被啃光的海雀骨。这个物种一直存活着，直到人们发现它们的绒毛是充当枕头填充物的上好材料。（水手们可以非常容易地将一些温顺的鸟捉住并拔毛。）尽管人们为了保护大海雀做了一些尝试，它们还是在大约1850年灭绝了。

右图丨众所周知，到目前为止甲虫在地球上分布甚广且种类繁多。为什么？为什么会有这么多种甲虫？长期以来，科学家们认为，它们成功的主要原因是形成新甲虫物种的速度很快。但是最近，研究化石记录的人员发现，与许多其他动物相比，甲虫科的灭绝速率远低于其他物种。事实上，巨大的多食亚目（Polyphaga）（包括从圣甲虫到瓢虫的很多物种）中的任何一科都没有灭绝，甚至在终结了非鸟恐龙的大灭绝事件中依然存活了下来。似乎甲虫与灭绝是绝缘的。

1.堆积，指遗址中由人工建筑的倒塌，人为垫土填埋，间歇洪水的沉积等形成的土层的叠加。堆积通常是由遗址上发生的废弃行为造成的结果。——编者注

　　第224—225页｜今天只在南半球零星分布的巨大的（高达76米）针叶南洋杉曾繁盛于恐龙盛行的中生代。事实上，一些科学家提出，中生代时期南洋杉庞大的种群数量，以及它巨大而能量丰富的叶子和球果，很可能使得它们成为了同样巨大并长着长脖子的蜥脚类恐龙最喜欢的食物。像南洋杉这样的活化石可以让我们获得在其他地方无法得到的关于那个消失了的世界的信息。

　　右图｜不是每个海岛演化故事都以悲剧和不可挽回的损失告终。大约15个加拉帕戈斯象龟（*Chelonoidis nigra*）亚种曾经占据了这个因查尔斯·达尔文而著名的群岛。作为著名的演化标志，加拉帕戈斯象龟长期以来一直饱受狩猎、栖息地破坏、猫和山羊等其他野生动物引进的困扰。不过，集中的保护工作使其种群数量成功回升，从20世纪70年代的最低3 000只繁衍到了今天的至少1万只，并且10个亚种的龟仍旧生活在其本土岛屿上。经过精心的管理，这些物种得以继续作为演化的象征存在着，而非成为一丝朦胧的记忆。

摄影师简介

　　罗伯特·克拉克是一位屡获殊荣的摄影师，其作品包括发表于美国《国家地理》的四十多个照片集。克拉克的作品也出现在几本著名的书中，包括《胜利之光》（*Friday Night Lights*）、《第一次进攻，在休斯敦》（*First Down Houston*）和《羽毛——鸟类闪耀的风采》（*Feathers:Displays of Brilliant Plumage*）。他拍摄的"9·11"事件的照片是该事件最广泛传播的图像，也是许多博物馆和档案馆藏品的一部分。克拉克与妻子和女儿住在纽约布鲁克林。欲了解他的更多作品，请登录robertclark.com。

出版后记

　　人们往往惊讶于自然界中形态各异的物种，就像书中所展示的：有着超长口器的非洲长喙天蛾，没有眼睛的墨西哥盲洞鱼，长着两种不同颜色翅膀（兼具雌性及雄性特征）的蝴蝶，可以下蛋的哺乳类动物针鼹……多种多样的物种不免让人驻足，也让我们思考，它们经过了怎样的演化，才变为今天我们见到的这个样子的？

　　近日，亚马孙雨林正在遭遇熊熊大火。这场大火必将对水资源和气候产生严重的影响，也加速了濒危物种的消亡速度。我们感叹自然造物的神奇，也为物种的灭绝和濒危感到惋惜。《演化之旅》提到的分布于美国加利福尼亚州莫哈韦沙漠的部分地区的约书亚树，曾经有一个为它们散播种子的物种叫作沙斯塔地懒，但这些地懒于1.3万年前灭绝了。加之气候变化等因素的影响，约书亚树这个物种或将于这个世纪结束之前灭绝，而书里的照片，很可能就是我们见到它的最后机会。

　　演化正在发生，或许你还没有感觉，希望《演化之旅》可以给你提供视觉上的演化证据，让我们共同思考人类与自然的未来。

服务热线：133-6631-2326　　188-1142-1266
读者信箱：reader@hinabook.com

后浪出版公司
2019年9月

图书在版编目（CIP）数据

演化之旅 / （美）罗伯特·克拉克，（美）大卫·奎曼，（美）约瑟夫·华莱士著、摄；薛浩然，杨小灵译. -- 成都：四川美术出版社，2020.3

书名原文：Evolution: A Visual Record

ISBN 978-7-5410-8997-8

Ⅰ．①演… Ⅱ．①罗… ②大… ③约… ④薛… ⑤杨… Ⅲ．①生物—进化—摄影集 Ⅳ．①Q11-64

中国版本图书馆CIP数据核字(2019)第275061号

Original title: Evolution: A Visual Record©2016 Phaidon Press Limited

This Edition published by Ginkgo(Beijing) Book Co., Ltd under licence from Phaidon Press Limited, Regent's Wharf, All Saint Street, London, N1 9PA, UK, ©2019 Ginkgo(Bejing) Book Co., Ltd.

All rights reserved.

本书中文简体版权归属于银杏树下（北京）图书有限责任公司

著作权合同登记号　21-2019-552

演化之旅
YANHUA ZHI LÜ

［美］罗伯特·克拉克 摄影　［美］大卫·奎曼 约瑟夫·华莱士 著　薛浩然 杨小灵 译

出 品 人	马晓峰	选题策划	后浪出版公司
出版统筹	吴兴元	编辑统筹	周 茜
责任编辑	张慧敏 张子惠	特约编辑	李 晶
责任校对	陈 玲	责任印制	黎 伟
营销推广	ONEBOOK	装帧制造	墨白空间·杨 阳

出版发行　四川美术出版社 后浪出版公司
（成都市锦江区金石路239号 邮编：610023）

开　本	787毫米 × 1092毫米　1/16
印　张	15
字　数	43千字
图　幅	200幅
印　刷	北京盛通印刷股份有限公司
版　次	2020年4月第1版
印　次	2020年4月第1次印刷
书　号	978-7-5410-8997-8
定　价	112.00元

读者服务：reader@hinabook.com 188-1142-1266
投稿服务：onebook@hinabook.com 133-6631-2326
直销服务：buy@hinabook.com 133-6657-3072
网上订购：https://hinabook.tmall.com/（天猫官方直营店）